U0298766

中国科普大奖图书典藏书系

探 秘 海 洋

雷宗友 著

中国盲文出版社

湖北科学技术出版社

图书在版编目（CIP）数据

探秘海洋：大字版 / 雷宗友著. —北京：中国盲文出版社，2019.12

（中国科普大奖图书典藏书系）

ISBN 978-7-5002-9065-0

Ⅰ.①探… Ⅱ.①雷… Ⅲ.①海洋—普及读物 Ⅳ.①P7-49

中国版本图书馆 CIP 数据核字（2019）第 055658 号

探秘海洋

著　　者：雷宗友
责任编辑：吕　玲
出版发行：中国盲文出版社
社　　址：北京市西城区太平街甲 6 号
邮政编码：100050
印　　刷：东港股份有限公司
经　　销：新华书店
开　　本：787×1092　1/16
字　　数：213 千字
印　　张：21.5
版　　次：2019 年 12 月第 1 版　2019 年 12 月第 1 次印刷
书　　号：ISBN 978-7-5002-9065-0/P·73
定　　价：58.00 元
编辑热线：（010）83190268
销售服务热线：（010）83190297　83190289　83190292

目　录
CONTENTS

八、海洋中的水流 **194**

十四、大海的光与声　　　321

一、古代的海洋探索

├─ 勇敢地挑战大海

辽阔的海洋，从深蓝到碧绿，从微黄到棕红，美丽极了。

你看，祖国海疆的早晨，朝霞灿烂，气象万千。缤纷的光彩，把大海染得万紫千红；无边的海水，漾起微微的涟漪，闪着无数的星点；朵朵船帆，如同盛开的梨花；白色的海鸥，在蓝天翩翩起舞。渔民们怀着丰收的喜悦，收获着大海的宝藏；海员们驾着巨轮，汽笛长鸣，在海空回荡；高大的石油井架，在水天线上时隐时现，迎着海风，传来钻机愉快的歌声……海洋，是多么美丽、壮观啊！

可是，顷刻之间，大海会突然收敛起它的美丽，天空乌云翻滚，海面汹涌澎湃，山峦似的巨浪此起彼伏，你追我赶。大海狂怒着，咆哮着，吞噬着海面上的一切，显示着无穷无尽的力量。它冲向海岸，夺去一块块土地，甚至悬崖峭壁，它也能打碎。而在一阵狂怒之后，它很快又会恢复宁静，露出醉人的微笑。

面对如此美丽又如此反复无常的大海，自古以来人们就怀着敬畏之情，渴望了解它，征服它。但是，在科学和技术不发达的古代，这不过是美好的愿望，人们所能做的，只是通过幻想来得到满足。于是，美丽的神话诞生了，由于它道出了百姓的心声，所以迅速流传开来。我国民间流传的精卫填海的故事，就是人们与海奋斗的最初遐想。

传说炎帝之女女娃，非常喜爱美丽的大海。她常常到海边去玩耍，观看大海起伏不停的蓝色波涛，掇拾沙滩上五颜六色的珍奇贝壳。每当来到熟悉的海边，她心里总有说不出来的快乐。海风轻轻地抚弄着她的衣裳，吹动着她的头发，拥抱着她的全身，她感到无比惬意。太阳光从动荡不定的海面反射出来，在那里变幻、摇曳。海鸥展开洁白的翅膀，在蓝丝绒般的海面上空翱翔。飞溅的浪花像堆堆白雪，在礁石中漂荡。那望不到头的水天线啊，无限地扩展开去，好像在遥远的彼岸，有着一个不可思议的神秘去处。这一切，简直使女娃陶醉了。

有一次，当她完全被大海吸引着的时候，暴风雨突然来临了。霎时间，大海收敛起笑容，露出狰狞的面目。狂风、暴雨、巨浪、大潮铺天盖地向海岸冲来，女娃躲闪不及，被无情的大海吞噬而去。

一阵狂暴的肆虐后，大海显露出它的倦容，暴风雨止息了，很快，它又露出了笑容。可是，从此再也见不到女娃姑娘了。

是什么力量使得大海如此反复无常？传说那是龙王施

展法术的结果。因为在深不可测的海底，居住着四海龙王，他们是海洋的统治者。龙王们经常施展法术，给海洋带来神奇的变幻。他们时而在海中兴风作浪，时而在天空翻云布雨。当他们愤怒地从海中跃起，大海就鼓起狂涛；当他们狂暴地窜入云中，天空就乌云密布。

你看，东海龙王青龙出来了。他拨开云层，张开大嘴朝下打个喷嚏，顷刻之间，空中就电闪雷鸣，大雨瓢泼而下，海面狂涛四起。渔船葬身海底，陆地变成水乡泽国。

南海龙王赤龙显现了。他朝陆地喷射红色的火焰，顷刻之间，青山化为赤红，禾苗一片焦枯。

西海龙王白龙接踵而至。他拼命地抖着身子，一刹那，山摇地动，狂风呼啸，大雪飞飘，陆地和海洋铺上一层厚厚的冰雪。

北海龙王黑龙也不示弱。他从空中俯冲而下，带着一团黑风，急速地旋转着滚滚而来，掀倒房屋，拔起树木，把海面吹得白浪滔滔。

经过一场疯狂的表演，四海龙王重新跃入海中，回到各自的宫殿，于是，天空云开雾散，海面也恢复了平静。

可怜的女娃何曾想到，她对大海的爱慕，竟会得到如此的报偿；迷人的大海竟会如此残酷无情。她愤怒极了。她的不平的精灵发誓要报仇，要摧毁龙王的宫殿，要赶走凶狠的龙王，要填平险恶的大海。于是，精灵化作一只白嘴红脚、头上点缀着花纹的精卫鸟，不分昼夜地衔来枯枝、石砾，向无边无际的大海投去。她衔呀衔，投呀投，日复

一日，年复一年，从未间断。

后来，精卫鸟与海燕结成夫妻，生儿育女。他们的子孙后代，那千千万万的海燕与精卫，继承着女娲的遗愿，勇敢地迎战暴风雨，始终如一地衔来木石，投向大海。他们的这种大无畏的精神，赢得了人们的称赞和同情，因而精卫填海的故事久久地留在人们心中。

├ 少年哪吒的故事

为了应对频频出现的灾难，人们又创造出了一个英俊威武的少年——哪吒，还有他降龙伏海、为人类消灾解难的故事。故事是那样地优美动人，所以长久地流传下来，鼓舞着人们为征服海洋勇敢地奋斗。

传说很久以前，陈塘关地区出现了严重的干旱。赤日当空，暑气逼人。天上没有一片轻云的遮盖，地上没有一丝雨的凉意。大地龟裂，溪水断流，禾苗枯倒，人畜干渴。灾难无情地降临。人们没有办法，只得带着供品，打着彩幡，捧着龙位，吹起笙笛，祈求龙王兴云布雨，解除人间的苦痛。只见大批供品在蓝色的大海上漂荡，随着巨大的漩涡卷聚到中心，渐渐地沉入黑色的洋底。

虾兵蟹将昼夜不停地把大批沉入海底的供品运往龙宫献给龙王。坐在水晶宫里的东海龙王见到这些猪羊果品之类的食物，并不高兴，因为他一心想要吃人间的童子肉。他对鱼官鳖吏说，要老百姓赶快送上童男童女，否则滴雨不下。可是老百姓哪里舍得将自己的亲生骨肉献出去，只好忍受着干旱的折磨，眼睁睁地看着田地荒芜，人畜死去。

东海龙王得不到童男童女，便命巡海夜叉浮出水面，前去抢夺，更增加了陈塘关百姓的苦难。

一天，少年哪吒正骑在梅花鹿上与小同伴在海边游玩，见巡海夜叉无端抓走自己的小兄妹，十分恼怒，挺着胸脯要去辩个高低。夜叉欺他是个孩子，不把他放在眼里，气势汹汹地举叉朝他就刺。谁知这哪吒非同一般，乃是在母亲体内怀胎三载的仙童。出生后，又被仙人太乙真人收为徒弟，学得一身高强的本领。他身上裹着一条浑天绫，颈上套着一个乾坤圈，英俊刚强。当巡海夜叉举叉刺来时，他取下光芒四射的乾坤圈轻轻一挡，夜叉的长叉便迸出金星，咣当一声折断了。哪吒趁机将乾坤圈向夜叉扔去，打在夜叉身上。夜叉皮开肉绽，疼痛难忍，当即现了原形，原来是一只丑陋不堪的癞蛤蟆。

受伤的癞蛤蟆狼狈不堪地钻进大海，跪在龙王面前诉说苦衷。龙王见部下被打得现了原形，暴跳如雷，命令他的龙太子前去迎战，一定要把哪吒活捉回来美餐一顿。龙太子领命，提起金瓜锤，骑上海兽，带着一批喽啰，离开龙宫直奔海面而去。

平静的大海在龙太子的搅扰下，开始动荡起来。蔚蓝的海水变成墨绿，变成暗黑，接着便掀起汹涌的波涛。哪吒见到如此情景，料定海中又有妖怪窜出。正想问，那龙太子已钻出海面，二话没说，举起金瓜锤朝哪吒就砸。哪吒往后一退，躲在一块巨大的岩石后面，龙太子扑了个空。他等了半天未见哪吒出来，便指挥虾兵蟹将一拥而上，将巨石团团围住，叫嚷着抓活的。哪吒不慌不忙地抽出红绫，在手中挥动着。簇簇红光，像一把把尖刀，刺向虾兵蟹将，把他们刺得鲜血直流，很快一个个命归西天。

龙太子气得咬牙切齿，怒火万丈，恨不得一口把哪吒吞下。他高举金瓜锤，用尽平生的气力，朝巨石猛地一击。此情此景，躲在岩石后面的哪吒看得一清二楚。他知道金瓜锤的厉害，万万不能被它击中。就在龙太子即将出手之时，他用力向上一跃。待到金瓜锤把岩石击成粉碎时，哪吒已安然无恙地跃向空中。龙太子一心想着哪吒将与巨石同归于尽，全然没有注意到他早已纵身跃走，并伴着岩石崩裂的响声，迅速从空中落下，骑到了自己背上。等他发觉骑在自己背上的哪吒正从脖子上取下乾坤圈时，预感到情况不妙，立即将身子一缩，化作一条小青龙，穿浪逃走，把大海搞得浊浪如山。

哪吒在汹涌的海面上艰难地挣扎着，一会儿被推到涛峰浪顶，一会儿又坠入波谷水底。小青龙躲在海底幸灾乐祸。他不甘心失败，趁机冲上海面，伸爪去捉哪吒。哪吒尽管被浪涛弄得晕头转向，仍然没有放松警惕。他早已把红绫握在手中，等小青龙的利爪向他伸来时，他将红绫一展。顿时红光映天，红绫似绞索一般牢牢地将小青龙套住。哪吒一手抓住小小的龙身，一手抓住长长的龙尾，使劲一抽，抽出了一条龙筋。小青龙断气了，向深邃的海底沉去。

黑色的大海渐渐变绿，渐渐变蓝，海面也开始平静下去。

小哪吒降伏了海妖，陈塘关人民无不拍手称快，孩子们更是欢腾雀跃。可是，哪吒的父亲李靖却愁容满面，心事重重。他想，自己的儿子杀死了龙太子，龙王不会善罢甘休，定然要来报仇，陈塘关的百姓从此将不得安宁。他怪罪儿子不该闯下这样的大祸，连累了全家，也连累了整个陈塘关的百姓。一气之下，竟将儿子捆绑起来，夺了金圈，扯了红绫，把它们扔得无影无踪。

哪吒受到这般待遇，十分委屈。但这是父亲的命令，他不能反抗，只好忍受着。

再说龙太子死后，虾兵蟹将抬着他的尸体去见龙王，龙王不禁号啕大哭，发誓要报杀子之仇。他邀来南海龙王，西海龙王和北海龙王，商议着要把更严重的灾难洒向陈塘关，借此逼迫李靖交出儿子。他们想了一条毒计，说是既然百姓天天求雨，那就给他们雨水吧。于是，四海龙王一个个全身披挂，带着虾兵蟹将向海面冲去。

平静的大海又开始激荡起来了，海水冒着泡沫，发出阵阵恐怖的轰鸣。

随着第一声轰响，两条怪模怪样的大鱼冲出海面，掀起汹涌的浪涛。随着第二声轰响，窜出来四条巨龙，张牙舞爪，直奔海空，遮天蔽日。第三声轰响过后，虾兵蟹将倾巢而出。先是海豹、海狗、海象，握着长枪，驰波踏水压了过来；接着是鲨、鲸、鲇、鳗，持着刀斧，气势汹汹浮游而过；最后是虾、蟹、鳖、蚌，扛着棍棒镖叉，推波助澜地喊叫而来。四海龙王压着阵脚，在空中狂飞乱舞，喷云吐雾。陈塘关上空乌云密布，风雨交加，电闪雷鸣。大地水如潮涌，房屋倒塌，鸡飞狗跳，人声嘈杂。

在一片混乱中，东海龙王青龙向李靖喊话，要他交出哪吒，否则就要大难临头。言犹未了，南海龙王赤龙喷出红火，西海龙王白龙抖着身子，北海龙王黑龙飞速旋转，一个好端端的陈塘关，陷入毁灭的深渊。

四海龙王如此疯狂肆虐，李靖寻思不交出儿子实难过关。与其看着亲生骨肉死于万恶的龙王之手，还不如自己处置了吧。于是他命人将哪吒松了绑，带到自己跟前，忍着巨大的悲痛，举起宝剑。

家人出于对龙王的愤恨和对哪吒的同情，一齐上前抓住李靖的手，凄怆地哀求他不要如此狠心。哪吒也含着热泪，不停地叫着"爹爹"。

李靖的手终于软下来了，宝剑当啷一声，落在地上。

四海龙王等不到李靖的回话，越发恼怒了。他们把雷打得更响，雨下得更大，风刮得更紧，地动得更烈。李靖无可奈何，仰天长叹，百感交集，不知怎样才好。

失去了乾坤圈和浑天绫的哪吒，这时也毫无办法。但他是仙人投胎，只不过附了凡人的躯壳。为了解除爹爹眼前的困境，拯救黎民百姓，决心还掉凡人的肉体。于是，他捡起李靖失落的宝剑，悲哀地喊叫了一声他的师父，然后把剑向自己胸前刺下去……

瞧着这种情景，四海龙王心满意足地卷旗收兵，返回龙宫，庆贺胜利。然后，又命喽啰哄抢童男童女，陈塘关人民又面临着巨大的灾难。

哪吒的仙师太乙真人得知他的遭遇，急忙派遣梅花鹿带着乾坤圈和浑天绫接他返回仙洞，施展法术，使他显出原来的形象。又给他装配了一根火尖枪，一对风火轮，并从葫芦里取出金丹，让他吞服，使他变成三头六臂，本领更大了。

英俊威武的哪吒手握金枪，脚踏风火轮，怀着满腔的仇恨向大海奔去。他瞧见大海又在那里掀起波涛，水妖水怪又在抢劫童男童女，愤恨至极。他用神奇的枪尖挑开浪花，海水立即涌向两边，显出一条干路。他沿着这条干路，直插海洋深处，越过海底石林，进入珊瑚世界，来到水晶宫前。水晶宫里辉煌的灯火，喧闹的鼓乐，狂乱的饮宴，更加激起哪吒的厌恶。他用尽平生的力气，把火尖枪投射过去。只见一道白光射入水晶宫里，整个宫殿剧烈地摇晃起来。虾兵蟹将、鱼官鳖吏们一个个吓得失魂落魄，惊慌逃命。哪吒闯进宫中，掀倒宴席，手持火尖枪，用那道耀眼的白光，把敢于顽抗的家伙烧成灰烬。

四海龙王见势不妙，也仓皇逃命。哪吒岂肯罢休，持枪直追。四海龙王慌忙化作龙形，四处逃命。海面掀起高大的水柱，滚动着险恶的浪涛。哪吒不顾一切，尾随东海龙王拼命追赶。眼看快要追上时，哪吒举起火尖枪朝他用力投去。霎时间，火尖枪变作一根红红的铁柱，将东海龙王无情地压将下去。其他三个龙王见状，吓得魂不附体，加速了逃命的步伐。哪吒脚踏风火轮，风驰电掣般追去。眼看快要赶上，便抽出浑天绫用力一甩，那浑天绫即变成三根红色绞索，分别朝三龙王飞奔而去。三个龙头被套住了。哪吒用力一拉，一个个从天空坠落下来，掉入深沉的大海。

海妖降服了，大海又平静地吐出她那美丽的光彩，陈塘关的大地也从浩劫中被解救出来。断水的山涧发出了涓涓细流，焦枯的田野重新披上绿色，树木长出了嫩芽，房屋换上了新装。人们欢呼着，孩子们雀跃着。哪吒脚踏风火轮，身披浑天绫，颈套乾坤圈，手擎火尖枪，踏浪涉水走向欢呼的人群。

┠ 悟空大闹水晶宫

同哪吒降龙伏海的神话一样，美猴王冲破海水的阻隔，到东海龙王那里求兵器，索披挂的故事，也是我国古代人们渴望征服海洋的大胆想象。

故事说道，美猴王孙悟空每日带领部下操练武艺时，总觉得没有一件称心如意的兵器。四个老猴告诉他，说是东海龙王敖广那里有不少好兵器，只可惜海水太深，凡人无法前往。悟空听罢哈哈大笑，他说自己是仙圣，有七十二变之功，上天有路，入地有门，昼行无影，水不能溺，火不能焚，还有哪里去不得呢？老猴们说，既然如此，那就请大王赶快去龙宫取宝吧。

悟空翻了一个筋斗，来到海边，他见辽阔的大海滚动着蔚蓝色的波涛，闪耀着美丽的光彩，心中无比高兴，便使了一个避水法儿，口中念念有词，"噗"的一声钻入碧波中，分开水路，径直奔海底龙宫而去。他口称是天生的圣人，修得了一个无生无灭的身躯，特来龙宫借宝。龙王见他来历非凡，不敢怠慢，只得将各种兵器奉上，任其挑选。可是，挑来挑去，竟没有一样能使他满意。3600斤重的九股叉他不称心，7200斤重的方天戟他嫌太轻。正在纳闷时，忽见金光万道，瑞气射空，忙问那是什么宝贝。东海龙王说那是一根13500斤重的定海洋深浅的神针。

悟空觉得这个分量不轻不重，很适合做件兵器，便求海龙王相送与他。殊不知这定海神针乃东海龙宫里的圣宝，龙王老头岂肯轻易送人，毫不客气地拒绝了这个要求。悟空想，这个龙王老头，不给点厉害看怎能痛快答应呢。他声色俱厉地对老头说，若不答应，就把水晶宫给端了，叫他们无处安身。龙王害怕了，但又不甘心把宝贝送人，就借口说那神针实在太重，扛也扛不动，抬也抬不走，要送也办不到啊。悟空听罢，二话没说，走近一看，原来是一根铁柱子，约有二丈余长，斗口来粗。悟空心想，这玩意儿倒的确是不错，只是太长了些，太粗了些，要是能短上几尺，细上几分，定然是件好兵器。于是，他撩起衣服，两手抓住铁柱，使着法儿，说了声短短短，细细细。说毕，那宝贝果然短了几尺，细了几分。悟空见法儿灵验了，心里美滋滋的。他拿起铁柱掂了掂分量，觉得还要短些、细些才好。于是，又使着法儿，说了声再短些，再细些。说毕，那宝贝果真又短了几尺，细了几分。悟空心满意足了，把他拿到外面观看，原来两头是两个金箍，中间是一段乌铁，上面刻着"如意金箍棒"的字样。

悟空拿着金箍棒尽情地把玩，龙王老头和虾兵蟹将惊得目瞪口呆，谁也不敢再说个不字了。把玩了一阵，悟空收起宝贝，执在手中，坐上龙王的宝座，要龙王再送他一件像样的披挂。龙王老头说东海宫中没有披挂，要他到别的龙宫去借。悟空哪里肯罢休，说是如果不给，神针不答应。他一边说着，一边朝龙王挥动金箍棒。龙王吓得浑身打战，连忙苦苦哀求，要悟空千万莫动手，待他找几个弟兄商议商议再说。

东海龙王命虾兵蟹将撞钟擂鼓，请三个兄弟南海龙王、西海龙王和北海龙王前来商议。三个龙王听罢大哥的诉说，不由得怒满心头，说是一个小小的猴王有啥能耐，竟敢来龙宫取闹，要起兵把他拿了。东海龙王深知悟空的厉害，劝大家休要与他动手，随便凑一副披挂，打发他出门，日后启奏玉帝，让上天罚他就是了。于是，北海龙王拿来一双藕丝步云履，西海龙王献出一副锁子黄金甲，南海龙王交上一顶凤翅紫金冠。悟空见了这些披挂，十分得意，穿上它们，使着如意棒，一路要将出去。

四海龙王丢了神针，失了披挂，心中愤愤不平，商议着向天庭告发悟空，从而引来了孙悟空大闹天宫的话题。

就这样，我们的先辈用他们的丰富想象力，构思了一个个降龙伏海的优美神话，倾诉着他们征服海洋的强烈愿望。

海上的丝绸之路

优美的神话固然动人，实际的探索更加可贵。人们并不满足于神话带来的欢乐，更加渴望迈出实际的步伐，去探索神秘的海洋。

我们的祖先远在十万年前就开始和海洋打交道了。到了秦汉时代，我国的海上活动规模就已经很大，对海洋的认识也不断增多。从海上丝绸之路的开辟，就不难看出两千多年前我国的航海水平达到了多么高的程度。

很多人都知道在我国古代有一条"丝绸之路"，那是汉代张骞出使西域时开辟的，是我国西部地区与遥远的地中海东部国家进行贸易的陆上通道。因为当时中国的丝绸很有名，许多国家都想得到它。这条贸易通道主要就是用来向西域运输丝绸和瓷器等物品的，所以叫它丝绸之路，也叫陆上丝绸之路。这条丝绸之路最早是从中原地区出发，经过新疆到达西亚。其路程的遥远，路途的艰辛，是常人难以想象的。因此，一提起丝绸之路，人们就会联想到一支支号称"沙漠之舟"的骆驼队，驮着沉重的货物，铃声阵阵、步履艰难地在天山脚下蜿蜒的山路上，在大漠之中的茫茫沙丘里，沿着张骞两次通西域所开辟的道路逶迤西去的情景。但是，陆上交通要经过不同的国家和地区，常常会有许多征税的关口，加重了税收的负担；而且，还常常会受到一些强悍部落的侵扰，安全和时间都得不到保障。这些不利的因素，严重阻碍着这条陆上丝绸之路的发展。

后来，随着航行技术和相关科技的进步，海运渐渐成为重要的运输方式，它运载量大，运输的路程远，自中世纪以后，陆上丝绸之路就渐渐衰落，海上丝绸之路则渐渐兴起。这样，南海和印度洋的海运就逐渐繁忙起来了。到了宋代和元代，由于政府的海洋意识增强，造船业蓬勃发展，建造出来的船舶不仅坚固而且载重量大，多是五层甲板的大吨位船只。这种船由于吃水深，连波斯湾的第一河幼发拉底河都无法进入，在世界上非常有名，这就使得海上丝绸之路更加繁荣。通过海上丝绸之路，中国与 140 多个国家和地区进行着贸易往来。

这条海上丝绸之路以我国东南沿海各港口为出发点。从山东蓬莱、江苏扬州和浙江宁波等港口出发，有直接通往朝鲜、日本的航线；从福建泉州、广东广州出发，有航行在南海和印度洋上的更长的航线。南海和印度洋上的航线，可以通达许多西洋国家。向东南可航至菲律宾；向南可航至印度尼西亚；向西南可抵达中南半岛各国，并到达新加坡、马来西亚；向西穿越马六甲海峡，可抵达孟加拉湾沿岸的缅甸、孟加拉国、斯里兰卡、印度东海岸等地；再向西航行，则可到达阿拉伯海沿岸的印度西海岸、巴基斯坦、伊朗、阿曼、也门等地，直至非洲大陆东岸各地；向更纵深的方向，则可在阿拉伯海北部进入波斯湾，到达伊拉克、沙特阿拉伯，或者向西进亚丁湾，再北入红海，抵达位于北非的埃塞俄比亚、苏丹、埃及等地。

随着航运四通八达，人们对海洋的了解便不断增多，尤其是中国沿海和印度洋沿岸一带，我们中国人是非常熟悉的，也在人类认识整个海洋的历史上，写下了光辉的一页。

├─ 勇闯海洋无底洞

在国外，也有许多关于海洋的想象和探索。好几千年前，生活在地中海周围的人们就想象着海洋是一条围绕着大地的无尽的长流。地中海的西边是直布罗陀海峡，力大无比的勇士海格里斯站立在那里，用他那强有力的肩膀支撑着天穹。这就是海格里斯神柱。地中海的东边是巨大的太阳池，给大地以光芒和温暖的太阳，每天早晨从那里冉冉上升。其他海岸则是黑暗与阴影的王国，那里，居住着海神和他美丽的爱人，那是凡人永远也到达不了的仙境。

古希腊人还画了一幅"世界地图"，在直布罗陀海峡海格里斯神柱的地方画着一个手持告示的巨人，告示上写着"到此止步，勿再前进"八个大字，因为再向前，就是海洋的无底深渊。那时候，谁也不敢向西航行得太远，以免连人带船一起掉进海洋无底洞里，作无谓的牺牲。

但是，有一个叫汉诺的航海家不信海洋无底洞的传说，他偏偏要去闯一闯。于是，在公元前 400 多年前的一天，这位勇敢的腓尼基商船队队长率领一支由 60 艘船组成的探险队，从繁荣的迦太基城（今突尼斯境内）出发了。人们提心吊胆地在地中海温暖的海面上向西驶去，越接近神柱，心情越发不安，不知道什么样的命运在等待着。当他们驶近神柱，瞧着那高耸的悬崖突兀地呈现在眼前时，不少水手紧张了，以为大地的边缘就在悬崖后面，那海洋无底洞正在向他们招手呢!

然而,水手们并没有后退,强烈的好奇心和探索的欲望驱使他们继续西进,要去亲眼瞧瞧那神秘的地方。

60艘航船依次向前行驶着。突然,一阵漩涡袭来,搅乱了航船整齐的队形。接着,一股激流又把航船冲得后退。水手们慌乱了,不知所措。

少数胆小的水手仿佛感到了死神的威胁,不愿航行下去了,要求掉转船头;而更多的人仍想试探着航行下去。他们当然不会知道,这突如其来的漩涡和逆流,是大西洋海水从直布罗陀海峡流入的结果。

汉诺传下命令,在越过神柱的关键时刻,谁也不准动摇前进的决心,否则将受到严厉的惩罚。

水手们鼓起勇气,驾驶航船,在不安中与漩涡、激流搏斗着。出乎意料的是,随着神柱的悬崖渐渐后退,继而消失,船队却平安地来到一片浩瀚无垠的寒冷水域,而海洋并没有什么变化,谁也没有看见什么大地的边缘,看到什么海洋无底洞。不安的心情逐渐消失了,汉诺率领水手们以亲身的实践破除了传统的偏见。

接着,船队沿非洲海岸南行,到达了城市和乡村,并进行了小规模的贸易活动。航行了十多天,他们绕过佛得角,来到一个海湾,在那里停泊。岸上森林覆盖,树木散发着香甜的气息,与别的地方很不相同,因而勾起了思乡之情,船员不想再航行下去了。由于缺乏食物,汉诺决定返航。

汉诺率领船队冲过海格里斯神柱驶往禁区的航行，是地中海沿岸人们勇于探索未知海洋的一次大规模的探险活动。可惜他们的发现在当时并没有引起人们的重视。汉诺本人也同他发现的几个非洲"城市"一样，很快从历史上消失了。

北欧海盗的功绩

在人类探索海洋和陆地的过程中，我们不能忘记北欧海盗们的功劳。虽然他们为生活所迫，进行抢劫，但他们勇于探索的精神，他们长期的海上实践活动，在人类认识北方世界的历史中占有重要的一页。

维京人原生活在欧洲西北部沿海一带，由于人口的迅速增长和恶劣的气候条件，居民生活得十分艰苦。一些善于航海的丹麦人、挪威人和瑞典人便去做海盗，在海上抢劫、经商或者探险。他们的航迹遍及大西洋和地中海沿岸，东至波斯湾，南至非洲的亚历山大港，西至北美圣劳伦斯河河口一带，在世界上显赫一时，在航海探险史上立下了不朽的功绩，被人们称为北欧"海盗时代"。这是发生在公元9世纪至11世纪上半叶之间的事。

在抢夺了别人的财物后，有一部分维京人对那些带不走的东西很是羡慕，如法兰西的苹果园，英格兰的小麦田，爱尔兰的肥沃牧场，都引起了不愿到处流浪的维京人的强烈向往。他们渴望定居，过美好舒适的安定生活。于是，他们有的来到塞纳河谷上游定居；有的在英国东部，在爱尔兰、奥克尼、雪特兰和法罗群岛等地设立永久的居留地；有的则深入东欧一带定居。而瑞典的维京人，有名的露西，则率领一部分人沿伏尔加河航行，在沿岸的广大区域定居，建立了叫作"露西亚"的聚居区。

渴望定居的人越来越多，到九世纪中叶，北欧所有可以用来居住的土地都有了主人，没有得到土地的人们只得去探索新的出路。

大约在公元 860 年，有水手回来报告说，他们找到了一个没有人居住的岛屿，虽然那里的高处有皑皑的白雪，但低处却是土地肥沃的平原，长满了桦树林和越橘，景色宜人。

许多维京人听到这个消息，欣喜若狂，都想亲眼去看看那个美丽富饶的岛屿。有个叫弗洛克的人，率领三艘船从挪威出发，按照水手们的话向西驶去。七天以后，果然见到了一片绿色的海岸。上岸后，很快建立了宿营地，尽可能多捕捉鱼类和海豹充当食物。他们还喂养了不少家畜，生活倒也不错。可是由于他们只顾捕鱼捉海豹，没有想到储备更多的干草，结果，寒冷的冬季来临时，家畜由于缺乏饲料全部冻饿而死。接踵而来的是同样寒冷的春天，他们更感到失望。面对一望无际的寒冷的冰海，弗洛克思绪茫然，无可奈何地把他们生活的这块土地叫作"冰岛"。

虽然冰岛的冬季和春季是寒冷的，但夏季和秋季却颇温暖，不少地方呈现出生命的绿色，仍然有比较好的居住条件。所以，探险者返回挪威时，极力怂恿人们到那里去定居。弗洛克对冰岛并不十分感兴趣，可是乔洛夫却很欣赏。他对人们说，那里草木青葱，土地肥沃，景色宜人，海湾里有数不清的鱼和海豹。

乔洛夫的话对许多渴望土地的维京人是多么有诱惑力啊！公元 870 年，维京人带着他们的财产和猪、羊、牛等家畜，纷纷前往冰岛的西南部定居。冰岛的纯净空间和肥沃的土地，使这些新到达的维京人陶醉了。很快，来这里定居的人就达到两万多。这样一来，土地就显得很紧张，不久，适合耕种的土地就被瓜分完了。

在最后几批到达冰岛的维京人中，有两个性情极其暴烈的挪威人，他们是父子俩，父亲叫乔瓦德，儿子叫艾利克。他们是因为犯了罪被驱逐出境而来到冰岛的。艾利克长着一头褐红色的头发和满脸褐红色的胡子，人们就叫他红头。

年轻的艾利克听说在冰岛西面有一群白色的岛屿，就迫不及待地带着家属和邻居共三十几个人，向着未知的海洋驶去。

只航行了四五天时间，艾利克就瞧见了一个巨大的岛屿，一片白色。艾利克驶近一看，那白色不是别的，而是耀眼的冰河、岩石山峦和积雪反射的光辉。看来，这不是可以定居的地方。艾利克失望了。和同伴商量后，他决定沿海岸南下，去找寻能够定居的地方。

当艾利克来到这个大岛南端的一个海角时，冰雪消失了，一片绿色的海岸展现在眼前。所有的人都兴奋了，他们欢腾雀跃地登上海岸，在那里建立了暂时的营地。他们在这里狩猎、捕鱼、打鸟。夏天，艾利克带领一部分人出海探险，找到了一个又一个平静的海湾。每个海湾的海岸上，有着绿色的草地和鲜艳的花朵；鸟儿唱着动人的歌曲，鱼儿从温暖的水中跃出水面，一片欢腾的景象。

艾利克对这块地方十分满意，心想：光这么三十几个人在这里生活实在太少了，应当有更多的人来这里定居才好。于是，他又回到了冰岛，去宣传他发现的这块新土地。为了有吸引力，他给这个地方取了个诱人的名字，叫作"绿色的土地"（Greenland），音译成中文就是"格陵兰"。在他的宣传鼓动下，很快就有许多维京人表示愿意到格陵兰定居。公元986年，他带领25艘船向格陵兰进发，但由于风高浪大，只有14艘船，大约450人登上了那块绿色的土地，其余的人不是被迫返航，就是被波涛所吞没，葬身大海。

到格陵兰去的消息很快就传遍了整个冰岛。没过多久，到格陵兰去定居的人足有三千多，但一下子来这么多人，土地不够用了，生活开始变得艰苦起来。因为这块绿色的土地绝大部分仍是冰雪茫茫，真正适合居住的绿色区域是很有限的。因此，维京人不得不再出海探索，寻找更多的土地。

正巧，一个名叫贝加尔尼·赫乔夫逊的挪威商人，从冰岛前往格陵兰途中，遇到了风暴。风暴使他未能驶到目的地，却把他吹到了格陵兰西南方的一个地方。他在那里发现了一块平坦的土地，长着茂密的树林，他赶忙到格陵兰去向大家传播这一消息，渴望着财富、名声和土地的人们，欣喜若狂，争先恐后要去寻找这块后来叫作巴芬岛的土地。

公元 1001 年，红头艾利克的儿子列夫·艾利克逊，带领了 34 个人破浪西行，一马当先地踏上了征途，穿过绿色的海洋，来到巴芬岛，但没有找到合适定居的地方；继而，他们转向南行，与寒冷和海浪顽强搏斗。好几次，航船险些被风浪打翻，可是列夫沉着勇敢地指挥着航船，一次又一次地闯过了险关，终于见到了一块像那个挪威商人描述的平坦的、长满树的土地。

列夫率众上岸，进行勘察，喜出望外地发现这里有茂密的森林，有美味的葡萄，近岸海洋里还可捕到许多鱼，便决定在这里建立居留地，并把它命名为"文兰"。后来，又招募了一些人来此定居，形成了一个比较兴旺的维京人的居民点。这个岛屿就是现在北美的纽芬兰岛。因此，许多历史学家认为列夫·艾利克逊是第一个发现美洲的欧洲人，因为他比哥伦布几乎早了 5 个世纪。

就这样，维京人凭着他们的勇敢，在辽阔的大西洋北部纵横驰骋，发现了冰岛、格陵兰和北美的纽芬兰岛，在那里建立居民点，在人类认识海洋的过程中作出了重要的贡献。然而，在公元 1200 年以后，北大西洋北部的气候变得更加寒冷，大片大片的海洋为浮冰所覆盖，严重地阻碍了维京人的航海活动，加上营养不良，传染病的蔓延，与爱斯基摩人的斗争，以及近族通婚等种种原因，红头艾利克的后裔逐渐衰落了。最后，当 15 世纪来临的时候，他们终于走向了末日，结束了曾在北欧历史上盛极一时的海盗时代。但他们所创立的业绩，在海洋探索的发展史上，却留下了灿烂的篇章。

二、跨洋过海播友谊

├─ 燕王朱棣起兵造反

公元 14 世纪中叶，正是我国起义军首领朱元璋率领民众推翻元朝的统治，建立明朝的年代。朱元璋当了皇帝，称为明太祖，年号洪武。

明太祖知道自己当初造反，为的是反抗贪官污吏的压迫，如今自己当了皇帝，应该对别人稍加宽容，让老百姓安居乐业，才能保住天下。于是，他减轻赋税，实行了一些开明政策。结果，人民的生活比较安定，国家也富强起来了。可是，在他年老的时候，却有一件事放心不下。那是因为他的长子比他死得早，长孙朱允炆年纪又小，他死后由谁来继承皇位呢？他很想让第四个儿子，镇守北京的燕王朱棣继位，但皇宫里早就立下了传位长子长孙的规矩，如果违反，文武百官定会反对，也注定不得人心，所以，他不敢贸然行事。所以，在他临死的时候，不得不违心地把皇位传给朱允炆。朱允炆即位后，成为明朝第二个皇帝——惠帝。

朱允炆当了皇帝虽然高兴，但也忧心忡忡。他想，他的那几个王爷叔叔，一个个握着重兵，各据一方，自己年纪小小就当了皇帝，他们一定不会服气，要是他们胡作非为，欺侮他，甚至抢自己的皇位，那可怎么办？于是，他把和自己要好的三位大臣召来，向他们请教。这三个人一个叫齐泰，一个叫黄子澄，还有一个叫方孝孺。

他把自己的忧虑对三人讲了以后，问他们该怎么办。黄子澄建议道："当今的几位王爷中，周王、齐王、湘王、代王和岷王，先帝在位时就胡作非为，不得人心。依臣愚见，削了这几个人，名正言顺，别人没有话说。"

方孝孺也建议："燕王镇守北京，兵强马壮，实力雄厚，手下谋士又多，要拿掉他不是易事。周王是燕王的同母弟，先削了周王，等于削了燕王的手足，然后再等机会把燕王搞掉。"

朱允炆很赞成黄、方二人的意见，但他对削掉燕王很没有把握，也不了解北京方面的情况。于是，齐泰出了个主意，要朱允炆派人到北京去，表面上是协助朱棣，暗地里却是刺探军情。

朱允炆觉得齐泰的话很有道理，便传了一道圣旨，派工部侍郎张昺为北京布政使，派都指挥使谢贵、张信掌北京都指挥使司。

朱棣接到圣旨，心里很明白朱允炆的用意，表面上装得若无其事，暗地里却在加紧准备，并派人监督朝廷来人的活动。所以，关于朱棣方面的情况，奸细没有办法搞到，就是搞到了也没有办法把情报送出去。

朱允炆得不到情报，心里很是着急，迫不及待地又派遣刑部尚书暴昭、户部尚书夏原吉等二十四人，充当采访使，到各地进行采访，实际上是去北京打听消息。

暴昭在采访过程中，抓走了燕王手下的一个官属，这使朱棣非常恼火。正在这时，他又得到消息，说他的几个弟兄王爷，被侄儿朱允炆搞得很惨，抓的抓，死的死，一个个家破人亡。

朱棣没能当上皇帝，本来就怀恨在心，现在朱允炆又下这样的毒手，还抓走了自己手下的官员，更是怒火中烧。这就更促使他下决心带领人马，打到南京去，把皇位抢过来。不过仔细想想，又觉得这样做不太妥当。因为朱允炆继位有合法的身份，要是公开对他用兵，未免道理上说不过去，恐怕众人不服。他知道侄儿年幼，缺乏治国的经验，眼下的这许多名堂，一定是侄儿手下的大臣出的主意，应该把罪责加在他们头上，才能出师有名。于是，他召集文武百官，哭哭啼啼地对他们说，现在他的兄弟，诸位王爷一个个遭到不幸，这不能怪当今圣上，而是圣上身边的奸臣齐泰、黄子澄这帮人的阴谋。他们欺侮皇帝年幼没有经验，纵容他把叔叔们搞掉，实现他们不可告人的目的。

大家听了朱棣的这番话，又见他那个悲伤的样子，一个个义愤填膺，觉得齐泰、黄子澄这些人的确很坏，应该讨伐他们，但谁也不愿第一个站出来说话。

就在大家面面相觑时，一个内监服饰、英俊威武的青年出现在朱棣面前。他不慌不忙地向朱棣行礼，然后振振有词地说道："王爷殿下，如今国难当头，这挽救危亡的重任，全落在王爷身上。依奴婢愚见，请王爷立即兴问罪之师，讨伐齐、黄，才不负众人所望。"

燕王抬头看时，说话的不是别人，正是太监马和。

这马和是什么样的人呢？他为什么会当上太监？他又为什么会在朱棣面前慷慨陈词呢？

童年马和心系海洋

公元 1371 年，马和出生在今云南晋宁县的一个伊斯兰教教徒家中，因排行第三，人称三宝（也叫三保）。他的祖父和父亲都曾漂洋过海，到伊斯兰教圣地麦加朝圣。父亲经常给儿子讲驾船出海和风浪搏斗的故事，以及西洋各国的风土人情。当时所说的西洋，没有明确的含义，大概指的就是现在的南海、印度洋沿岸海域，西洋各国就是南海和印度洋沿岸一带的各个国家。父亲讲述的关于西洋的一桩桩新奇异事，一件件寡见珍闻，在马和幼小的心灵深处留下了好奇和不可磨灭的记忆。渐渐的，在他心中有了一个梦想：长大后去远航、去朝圣。为了实现这个梦想，他在父亲的教导下，学习游泳、划船、使帆等技艺，还阅读各种有关海洋、航海和地理的书籍，日复一日，年复一年，从不间断。不料，在他长到十几岁的时候，一场大祸从天而降。

原来，这是明太祖朱元璋为了彻底消灭盘踞在三宝家乡云南一带的元朝残余势力，派大军征讨招致的灾难。战火到处，兵荒马乱，百姓流离失所，马和一家也遭到浩劫。更不幸的是，马和在战乱中又被明军俘虏，押到南京强行阉割，送到皇宫当了太监。从此，一个生龙活虎、朝气蓬勃的后生，失去了做男子汉的资格；一个天真烂漫、满怀憧憬的少年，再也无法去实现远航的梦想，真是令人肝肠寸断。

孑然一身、无依无靠的小马和在皇宫里难熬难忍，度日如年。不久，他又被当作"礼物"，赐给了北京的燕王

朱棣。

在燕王府里，马和仍旧做着小太监做的那些端菜、送饭、扫地、听差的活儿，稍有点儿空闲，他就会回忆着父亲给他讲过的那些航海中惊险而动人的故事，想起西洋国家的新奇见闻。这是唯一能够使他快乐的时刻。有时，他还把这些故事讲给和他要好的小太监们听。有一次，正当他在给小伙伴们讲故事时，不知从哪里传来一个声音：

"讲得不错嘛！叫什么名字？"

大伙儿抬头望去，呵，原来是他们的主人，燕王朱棣。小太监们不知所措，吓得一溜烟地跑散了。只有马和没有走。他不慌不忙地向朱棣行了个礼，回答道：

"小的名叫马和，王爷有什么吩咐？"

朱棣又问道："你的故事从哪儿听来的？"

"小时候爸爸给讲的。"

"你爸爸是干什么的？"

"爸爸驾海船到过西洋，去麦加城朝过圣。他常常给我讲很多有趣的航海故事。"朱棣见马和身材魁梧，相貌堂堂，言谈举止落落大方，心里不觉有几分喜欢，便吩咐留在自己身边使唤。

打这以后，朱棣常常要马和讲西洋的故事。马和流利的口才，渊博的知识，令朱棣赞不绝口。平时马和手脚勤快，做事认真，朱棣对他的印象就更好了。

公元 1390 年，马和 19 岁的时候，燕王朱棣奉命北伐，扫平北方一带元朝的残余势力。在战争中，马和经受了锻炼，学到了许多战争的知识，表现又很英勇，立下了许多功劳，很得朱棣赏识。从此，在燕王府里，马和不再是一个做杂事的太监，而是一个举足轻重的人物了。

正当朱棣召集文武，商讨对付朝中奸党弄权的时候，马和挺身而出，大胆地向朱棣献言，主张出兵打到南京去，捉拿奸党。

马和的主张，立即得到文武百官的热烈响应。此情此景，正中朱棣的下怀，所以他当即决定率兵"靖难"，向南京进发。在马和等人的参与下，经过三年的战争，靖难之役结束了，朱棣如愿以偿。公元 1403 年正月十五，他黄袍加身，在奉天殿接受文武百官的朝贺。

这天，奉天殿摆设得富丽堂皇，各种各样的仪仗、锦旗，珠光宝气，金彩耀目。礼仪官们一个个蟒袍玉带，仪表堂堂，声音洪亮。午门响过第一通鼓声，文武百官朝衣朝带，在午门外排班立定。响过第二通鼓声，百官从左掖门随之而入，走上丹墀，文左武右，分立在丹墀两侧。第三通鼓声响过，钟声继起，朱棣在悠扬的乐声中登上宝座，众官一齐来到金殿跪下，高呼万岁，万岁，万万岁，声震午门。

自此，朱棣便成了明朝第三个君主，人称明成祖，年号永乐。

接着，成祖大宴群臣，论功行赏，封官加爵。马和出入战阵，累建奇功，晋升为内官监太监。次年正月初一，他又在皇宫举行赐姓仪式，亲笔题了一个"郑"字赐给马和。从此，马和便改为姓郑，叫做郑和，成为明成祖朝廷里的一个重要人物。

├─ 一个远航英明决策

朱棣登上皇位，自然满心欢喜。但是，有件事却令他心事重重。

原来，朱棣攻下南京后，却得不到朱允炆的下落，十分不安。一说他已离开人世，一说他乔装外逃，还有说他出家当了和尚。朱棣想，死了倒也罢，若还在人间，必然是个后患，所以，必须除掉他。

那么，用什么办法才能除掉朱允炆呢？如果公开张榜捉拿，恐怕朝廷官员和老百姓都不服，因为朱允炆毕竟是合法的皇帝。看来，只有暗中寻访，然后悄悄地把他干掉。

于是，朱棣便密令礼部侍郎胡濙暗中查访。但胡濙出巡很久，足迹遍于大江南北，长城内外，也没有得到半点消息。他回京复命时对朱棣说，既然国中找不到，是不是会乘船渡海，偷偷地逃到海外或者某个海岛上去了呢？

提起海外国家和辽阔的海洋，朱棣顿时眼睛一亮。他回到乾清宫，躺在九龙绣榻之上，浮想联翩，夜不能寐。便叫近侍开了玲珑八窗，卷起珠链降箔。只见万里长空，一轮明月。他对月有怀，因星有感，猛然间想出了一条妙计。

朱棣想出了什么妙计？

他想，自己抢了侄儿的宝座，肯定招来许多人的不满，如果能把国家治理得比太祖在世时更加繁荣昌盛，让老百姓更加安居乐业，给富贵人家更多的满意，反对的人自然会减少，抢来的江山也会更加牢靠。他知道，与海外通商贸易，一向是增加国库收入的重要手段；皇室及富人们希求的象牙、犀牛角等珍品，也都是来自海外。他还常常从郑和那里了解到西洋有许多美丽富饶的国家，便想，如果派一支庞大的船队到西洋去，一来可以通商贸易，把中国的丝绸、瓷器、金银、漆器、茶叶、铁器等世界一流产品销往海外，显示中国的富强，同时也换取一些海外珍品；二来可以把中国的先进技术和华夏悠久的文明传播出去，向海外宣扬中国的悠久历史和灿烂的文化；三则可以借机暗地里寻找朱允炆。一举三得，何乐而不为呢？他越想越觉得这是个好主意，兴奋得一晚上没有合眼。

第二天，当金鸡三唱，曙色朦胧的时候，他便起床，吩咐升殿，要和朝臣商议下西洋的事儿。在太监的簇拥下，他来到金殿，登上宝座。文武百官，早已一个个朝衣朝带，端立在金殿两旁。净鞭响了三下，朱棣便说：

"今日文武百官，都汇集在这里，朕有要事和众卿相商。"

百官山呼万岁，然后齐声说道："陛下有何旨意，臣等钦承。"

朱棣说："自从太祖开创大明国以来，百姓安居乐业，国家繁荣富强。朕很想派船队前往西洋各国，扩大通商贸易，结交友好，显示我们中国的富强，传播华夏悠久的文明，宣朝廷的威德，不知卿等以为如何？"至于寻访朱允炆的事，他当然不便当众直说。

朱棣用目光环顾大厅，半晌不见有人启奏。刚要再次发问时，却见班部中闪出一位魁梧英俊的官员，太监服饰，一看便知是郑和。

郑和从小就怀着远航的梦想，立志长大后要当一名航海家，去海上航行，去麦加朝圣，见识西洋国家，只因为不幸的遭遇，他的梦想破灭了。想不到如今朱棣竟有这样的宏大理想，要派船队下西洋，他心中早已熄灭了的火焰又被点燃了，感到无比的激动。他想，这是一个十分难得的机遇，不可轻易放过，一定要极力支持，并争取参与。因此，他来到丹墀前，躬身奏道："奴婢郑和，恭请圣安。"

朱棣微微点头，问道："郑卿以为如何？"

郑和说道："陛下打算与海外各国通商往来，示中国的富强，播华夏的文明，宣朝廷的威德，此举实属大智大勇，奴婢竭诚拥戴。"

朱棣的话音刚落，三朝元老、户部尚书夏原吉就从班中闪出，启奏道："太祖在世的时候，一向主张闭关自守，不许寸板出海。臣以为下西洋的举动，有违先皇的遗训，实在不可取。下西洋劳民伤财，没有什么好处，依臣看还是不必打这样的主意。"

朱棣听完夏原吉的意见，沉默了一会儿，向兵部尚书王景弘问道："王爱卿意下如何？"

王景弘本有支持下西洋的意思，但碍于夏原吉的权势，不想得罪他，于是，就违心地说："夏尚书言之有礼，下西洋有违太祖遗训，且劳民伤财，望陛下三思。"

胡濙知道朱棣派船队下西洋的底细，而且他自己也很赞成，现在有人反对，当然要站出来说话。于是他启奏道："夏尚书和王尚书的话未必有什么道理。当今皇上为了显示中国的富强，派船队下西洋，与海外通商贸易，结交友好，这是再好也没有的了。依臣看不是劳民伤财，而是于国于民都有益。"

胡濙说完，就有许多人表示赞同。

朱棣见多数人支持自己的想法，觉得该是决策的时候了，应该趁热打铁，把事情定下来。于是他说："夏、王二卿言之有据。但古人曾说，世道变了，处理事情的办法也要变。现在正当我大明的盛世，民富国强，声震四海，不是洪武时代可以比的。我们应当抓住这样的大好时机，与西洋各国交好，显示我国的富强，倘若太祖在世，也会这样做的。"

听了朱棣的话，官员一个个喜形于色，纷纷表示支持。有人说，太祖在世时，在钟山种了几千万株桐树和漆树，这是造船的好材料，可以建造大海船。有人说，中国的金银首饰，瓷器陶器、丝绸绢缎，早就闻名海外，要是去海外贸易，用它们换取象牙、犀牛角、香料和各种珍品，必然深得海外各国欢迎。还有人说，太祖在世时，设了四夷馆，培养了一批翻译人才，可以随船队前往西洋，协助语言沟通……

能得到这么多人的支持，朱棣非常高兴。便说：

"那么，下西洋的事就这么定下来了。不过，还得委派一名官员，统帅下西洋的船队。此人不但要有高度的组织指挥才能，熟悉航海驾驶，而且还要有丰富的天文地理知识，了解西洋各国情况，又要懂得西洋各主要国家的语言。郑爱卿文武兼备，为大明国立下了汗马功劳，又熟悉西洋各国风土人情，若能挂印远航，相信不会辜负朕的重托。"

朱棣的话得到文武百官的支持，都纷纷上前保荐郑和。

站在人群中的郑和，看到这种场面，多么激动和高兴啊！从小立下的航海志向，如今竟能有实现的机会，真是连做梦也没有想到！此时此刻，他的眼前，立即出现了父亲给他讲过的一幕幕航海的情景。他是多么愿意去完成这个重大的使命啊！他整了整衣冠，从班中走出，来到丹墀前，向朱棣行礼，然后启奏道：

"臣托陛下的洪福，愿意立功海上，万里扬威。"

朱棣看到郑和的决心和勇气，心中大喜，便当着满朝文武，对郑和作了正式任命："朕任命你为总制，统帅下西洋的船队。从今日起，一切准备工作都在你的带领下进行。希望不要辜负朕的重托。"然后又任命兵部尚书王景弘为下西洋的副使。

任命完毕，朱棣对大臣们说："你们要协助郑、王二卿做好下西洋的一切准备工作，不得怠慢。"然后，吩咐掌印太监取出两颗四十八两重的坐金龙印授给郑和和王景弘，又吩咐写了敕书送给他们。至于寻找惠帝的事，朱棣不便当着众人明说，只是暗地里派人跟随船队，去执行秘密的使命。

在一片欢呼声中，朱棣宣布退朝。

官员们都来到郑和与王景弘面前，表示热烈的祝贺。

├ 宝船船队无与伦比

下西洋是一个伟大的决策，是开放对保守挑战的一次伟大胜利。郑和深知它的重大意义，因此，在接受了领导下西洋的重任后，就全力以赴地投入准备工作。他知道，要出色地完成任务，必须打造中华品牌，只有打造出了一流的中华知名品牌，才能显示华夏文明与产品的魅力，而最重要的，就是用当时世界领先的中国造船技术，建造大型的远洋船舶。

造船在我国已有悠久的历史，我国的造船技术在一个很长的时期内一直居于世界领先地位。两千多年前的西周时代建造的海船，就能航行到日本。秦汉时代的船舶，更能远航至爪哇、柬埔寨、印度和斯里兰卡等国。1977 年初，在广州发现了一处巨大的秦汉造船工业遗址，充分表明我国当时的造船事业是十分先进的。船台的木墩滑板和枕木，用的都是大乔木；所采用的船台与滑道下水相结合的结构原理，与现代造船厂使用的完全一致。根据船台长度和宽度计算，可建造宽 6～8 米，长 30 米，载重 50 吨的木船。到了唐代，我国建造的大船，已可乘六七百人。而宋元时代，又大到可乘近千人。而且，由于指南针的应用，使得在茫茫大海上航行更安全可靠了。当时，世界上不管什么地方，只要帆船能去，中国船也都能去。如果说在唐代以前，中国人往往要乘外国船才能渡海到西洋各国去，那么，到了唐代，尤其是宋代以后，外国商人都纷纷改乘中国船来往波斯湾等西洋各地了。可是，郑和对于这样规模的船还嫌不够大，命令船厂建造能乘坐一千多人的更大、更稳、抗浪性能更好的船舶，并且根据不同的用途，设计不同的类型。

为此，他一面派人到南京钟山采伐大桐木，一面又派人到各地去扩建及新建宝船厂。除了当时京城南京和淮南、苏州的大型宝船厂外，又在山东、河北、辽宁、广东、福建和浙江等许多地方扩建和新建了一批船厂。船厂里分工非常细致，有专门做船体的木工，密封防漏的艌工；有专门做船帆的篷工，做大橹的橹工；还有锻打铁锚的铁工，制造绳索的索工，油漆船体的漆工，真是工种齐全。工匠师傅全力以赴，日夜开工，只用了十个月的工夫，就造好了几十艘大海船和许多附属的小船。其中有大型船只62艘，加上各种小船，总共多达200多艘。

这些巨大的海船，最大的长44丈，宽18丈。这个尺寸到底有多大，现代的人可能不是很清楚。读者或许会问，为什么不换算成现在的尺寸呢？遗憾的是这种换算目前还没有统一的标准。有一种说法认为，当时的1尺合现在31

厘米。如果这样，那郑和最大的"宝船"就有 136 米长，56 米宽。现在的万吨巨轮也不一定有这么大呀！在当时，的确没有比这更大的船了。

为了适应远航的需要，工匠又把船设计成好几种类型，有宝船、战船、坐船、马船、粮船、水船，考虑得十分周到。宝船主要是供人员乘坐，其中最大的长 44 丈，宽 18 丈，九道桅，是指挥官员使用的。马船长 37 丈，宽 15 丈，八道桅，主要用于装运马匹、武器装备、修船备件和生活用品。粮船长 28 丈，宽 12 丈，七道桅，载运粮食。更小一点的坐船，主要任务是防止海盗袭击，执行两栖作战。长 24 丈，宽 9 丈 4 尺，六道桅。最小的战船，虽然只有 18 丈长、6 丈 8 尺宽、五道桅，但灵活轻巧，适合战斗。

战船和坐船对于一支庞大的远洋船队来说是必需的，否则安全没有保证。因为海上常有海盗出没，个别国家也不一定那么友好，带点军队和武器是很正常的事，完全是为了自卫的需要。

此外，船队还有专门装水用的水船。在船队中专门配备水船，是郑和的创举，是为保证长时间在海上航行人员的饮水需要。在海上饮水不是一件小事，因为海水又咸又苦，不能喝，所以在海上航行必须携带淡水。郑和下西洋之后几十年，哥伦布和麦哲伦等人的航行，就因为缺乏淡水而死了不少人，给航行带来了很大的困难。

为了保证航行的安全，每只船上装了 3 个罗盘，这是我们祖先发明的航海仪器，它能在一望无际的大海上正确地指出方向，辨认出南北东西，要不然船队就要迷航。

这些船不但造得大，也很精致。尤其是郑和乘坐的指挥船，更是富丽堂皇，有官厅，有穿堂，还有头门、仪门、丹墀、书房、侧屋等，都是雕梁画栋，象鼻挑檐，挑檐上都安装了铜丝网，防止禽鸟弄脏。

船造好了，郑和又忙着物色远航人员。他考虑得十分周到，指挥人员，驾驶人员，贸易人员，保卫人员，样样都有，总共挑选了27800多人。为了沟通交流，又到陕西等地物色了费信、马欢等人充当翻译，给船队人员在西洋各国的活动带来了很大的方便。

接着，郑和又派人到各地采购当时的中国名产：丝绸绢缎、陶器瓷器、金银首饰、漆器铁器、大米大豆、钱币、茶叶等。品种繁多，琳琅满目。

准备就绪，郑和将船队集中到苏州刘家港待命，然后到皇宫向朱棣报告准备情况，请他检阅船队并择日起航。

浩浩荡荡首下西洋

公元1405年6月15日，是郑和下西洋船队起航的日子。

这一天，刘家港天气格外晴和，太阳从江面冉冉上升，洒下万道金光，仿佛给船队披上无数条彩带。指挥船上高挂着帅旗，迎风招展，更增添了节日的气氛。帅旗两边竖立着两块巨大的仪仗牌，左牌上写着"肃静"，右牌上写着

"回避"。

老百姓听说郑和率领庞大的船队下西洋，争先恐后地从四面八方赶来观看，加上送行的人群，码头上人山人海。看到一艘艘庞大的航船，庄严威武的船队，人们都感到无比的欣喜和自豪。

正当人们看得出神的时候，突然听得身后锣声阵阵，鼓乐齐鸣，回头看时，只见文武百官簇拥着銮驾向江边走来，原来是皇帝为船队送行来了。人们迅速往两边闪开，让出一条通道，郑和与王景弘立即率领出航的大小官员，走下船来迎接。

朱棣登上指挥船，放眼江面，见到这一眼望不到头的巨大船队，不由得心花怒放，连连点头称赞。

郑和来到朱棣面前，启奏道："今天是我大明国下西洋船队起航的大喜日子，陛下亲临督促，臣等不胜荣幸之至。"

朱棣说："朕今天一来是为你们送行，二来是备些礼物，犒赏大家。"说完，便命左右取出金银花各20对，红绿彩缎各20匹，递与郑和与王景弘。接着，又传旨对其他官员和全体出航人员一一进行赏赐。

分赏完毕，朱棣又亲手斟上3杯御酒，赐予郑和，祝他此番下西洋旗开得胜，马到成功。郑和接过御酒，一饮而尽。

其他官员，也被赐给3杯御酒。

郑和及众官员饮完御酒，一齐叩头谢恩。

然后郑和又向朱棣启奏道："船队即将起航，请陛下亲自祭江。"

于是，朱棣传旨摆下祭礼，翰林院撰写祭文，在指挥船上设坛开祭。

祭毕，文武百官保驾回朝。郑和随即召集各船将官，下达命令："我等今日下西洋，乃朝廷之重托，任重道远，事非小可，你众将官务必严守职责，谨慎驾驶，白天认旗帜，晚上看灯笼。各船一定要按次序航行，前后左右保持距离，千万不得疏忽。如有违反出现事故，立即斩首示众。"

命令完毕，各船将官立即回船。郑和登上帅船传令台，亲手升起开船的信号旗。霎时间，62 艘巨舶和众多小船，扬起船帆，迎着 6 月的骄阳，向着滔滔东海乘风破浪。正是：

号令一声千帆竞发
远航史上灿烂篇章

├ 结交友谊帮扶小国

船队顺流而下，不多时，只见一条颜色明显不同的水界横在前面，近处的水呈现酱褐色，而远处的水则显黄绿。瞭望人员将情况向郑和报告，郑和查阅有关资料后向大家宣布，说这是江水与海水的分界处，船队即将进入东海，要值班人员仔细瞭望，并准备转舵南行。不久，船队驶入黄绿色水域，来到东海。郑和立即命舵手右满舵，在波涛滚滚的东海上向南驶去。

茫茫大海，天连水，水连天，见不到一点陆地的影儿。这个时候，航船的方向要是发生了哪怕是一丁点儿偏差，就会迷失方向，驶不到目的地。但船队里有许多精通航海的人员，他们白天测太阳，夜晚看星星，就能辨认出东南西北。阴天瞧不见太阳和星星，也难不倒他们，我们祖先发明的指南针，无论什么时候，都能指出正确的方向。

有了指南针，船队航行得很顺利。10月，走完了第一段航程，来到福建五虎门靠岸停泊，进行休整，并在这里等待顺风，准备穿过台湾海峡，在浩瀚的南海上向西南行驶，直接向着第一个目标——占城国前进。

南海是中国的海区，面积300多万平方千米。吹在南海上的风称为"季候风"，是很有规律的：冬季吹东北风、夏季吹西南风。古代帆船航行，全凭风力推动。郑和的船队要向西南航行，所以必须等待东北风。12月，东北风吹刮起来了，郑和就传令起航。

在南海上航行了10个昼夜，远处的海岸轮廓便显示出来了。船员高兴地欢呼，到了！到了！占城国到了！

郑和传下命令，各船注意瞭望，各人坚守岗位，准备靠岸，同时又派小船上岸报信。

占城国是中南半岛东南的一个国家，国王得知中国船队前来访问，非常高兴，亲自率领大小官员和一支500多人的欢迎队伍来码头迎接。他骑着大象，头戴三花金冠，身披锦花手巾，足穿玳瑁履，腰束八宝方带，手臂和脚腕上都戴着金镯。官员骑着马。其他欢迎人员有的手里拿着锋刃短枪，有的舞着盾牌，有的敲着鼓，有的吹着椰笛。欢迎队伍在码头上举行了隆重的欢迎仪式。在仪式上，郑和把中国皇帝的国书交给占城国国王，并向他赠送了丰厚的礼物。国王感谢中国皇帝派船队前来他们国家访问，同时也把当地出产的象牙、犀牛角、伽蓝香等珍贵礼物赠送给中国客人。

热情洋溢的欢迎仪式过后，国王又邀请中国客人到王宫里去赴宴。郑和率领大小官员，跟着欢迎的队伍，向王城进发。一路上，挤满了欢迎的人群。中国客人向欢迎人群频频招手致意，人们也报以热烈的欢呼声。

行不多时，来到王城。王城四周有用石头砌成的城墙，开了四个城门，每个城门都有士兵把守。当国王和中国客人来到城门时，守卫的士兵把城门打开，向客人致敬。

进到王城，又走了一些路程，便远远地见到了国王居住的王宫。老百姓居住在低矮的茅屋，屋檐没有超过三尺的，进出都得弯身低头。谁要把茅屋盖得高过三尺，国王就要问罪。可是国王的皇宫却高大华丽，四周是砖墙，屋顶是细长的小瓦，木头做的大门雕刻着许多野兽牲畜的图案花纹。

郑和一行在国王陪同下进入王宫。王宫里早已摆好了丰盛的酒宴，乐队奏起欢乐的迎宾曲。国王请客人围坐在圆桌周围，桌上除了当地的佳肴，还有一瓮当地的美酒，是用蒸熟的米和酒药封在瓮中制成的。使中国客人感到奇怪的是，桌上没有酒杯，只有酒瓮里插着的好几根细长的竹筒。

宴会开始了，国王请客人饮酒。可是没有酒杯怎么饮呢？客人一个个非常纳闷。但是国王却笑嘻嘻地招呼着："饮酒吧！饮酒吧！"客人们实在不知道怎么个饮法，你看着我，我瞧着你。国王见客人坐着不动，心想一定是不知道这里的饮酒方法，便伸手从瓮中拿起一根竹筒，独个儿吸饮起来，然后又招呼大家饮酒。这下子中国客人们才恍然大悟，原来那些竹筒就是用来从瓮中吸酒的。于是大家有说有笑地照样吸饮，宴会顿时变得热闹起来。人们一边饮酒，一边吃菜，招待的人不断地往瓮里倒水。酒味越来越淡，最后，当完全没有酒味时，便宣布宴会结束。

宴会结束以后，国王便派人送客人回船。第二天，船员抬着货物，带着钱币，到市场上去进行贸易。出乎意料的是，市场上冷冷清清，一个人也没有。船员以为那天不开市，便抬着货物回船，等明天再来。可是明天清晨再去时，市场上仍然空无一人。这究竟是怎么回事？这使船员感到很奇怪。经过打听，才知道这里的习惯是中午起床，下午和晚上进行各种活动，直到半夜以后才睡觉。在月色特别美好的夜晚，人们就在月光下饮酒、歌唱和舞蹈，别有一番风味。

贸易进行了很多天。等贸易完毕时，中国客人们就到各地去访问，负责暗中寻找朱允炆的人也到处打听起来了。一路上，人们见到了许多梅、橘、西瓜、甘蔗、椰子、菠萝、芭蕉和槟榔。那槟榔，真是成了这里男女老少不可缺少的嗜好品，除了吃饭，每人嘴里都含着一颗嚼呀嚼的，嚼个没完没了，结果把牙齿也都染黑了。这里还有很多的犀牛，就像中国的水牛那样大，身上没有毛，只有黑色的鳞甲，鼻梁中间长着一双一尺多长的角。这种犀牛角特别名贵，是郑和船队下西洋要交换的一样重要物品。伽蓝香（也叫棋楠香）也是这个国家的特产，是一座大山上出产的，其他地方再找不到这种香，所以价钱很贵，要用银子才能买的。

访问完毕，郑和率领官员去王宫告别。使人们感到惊讶的是，国王突然变成了一位素不相识的老人。正当客人们迷惑不解的当儿，一位大臣便对郑和说："这是我们的昔里马哈剌扎，是我们可尊敬的先王。"郑和仍旧不解地问道："贵国为什么有两位国王？原先那位年轻的国王呢？"

大臣听了哈哈大笑，解释着说："敝国国王如果在位30年没有逝世，就要退位出家，把王位交给儿子，或者交给兄、弟、侄儿，自己到深山去持斋受戒，独个儿生活一年。在这期间，他要对天发誓，说若是自己当国王的时候，没有把国事管理好，愿意被狼吞虎食，或者让病魔折磨至死；倘若一年过后，国王安然无恙，就回到王宫，再登上王位，重新管理国事。老百姓对他就更加尊敬，称他为昔里马哈剌扎。"

郑和等听了这番话，知道这位就是做了30年国王后复位的先王，便对他行礼致敬，表示祝贺。先王对郑和的祝贺表示感谢。随后，郑和便对先王辞行，率领船队起航，经过爪哇、苏门答腊等国，来到马来西亚的满剌加，即今日的马六甲。

郑和把朱棣的信件交给国王，赠与双台银印和冠带袍服，国王非常感谢，也回赠当地土产。

由于这里是马来半岛的南端，地处马六甲海峡东南入口，为连接太平洋与印度洋交通必经之地，郑和想，如果能在这里借一小块地方建一个停泊港口，那将是非常方便的。他向满剌加国王提出请求，很快就获得了同意。于是，立即动工修建房屋、仓库，开凿水井。工人趁此机会把盖房技术和凿井本领传授给当地人民。

在满剌加期间，郑和发现很多人常常高烧不退，上吐下泻，痛苦不堪。经过一番调查，才知道这是因为这里的老百姓从来不喝开水，而是直接饮用不洁的生水的缘故。于是，郑和就给他们挖水井，改建饮用水源，并指导他们把井水烧开后再喝。很快，疾病得到了控制，老百姓感激不尽。

为了纪念郑和的航行，当地人民把郑和所建的这个基地叫作"三宝城"，把城旁边的水井，叫作"三宝井"，直到现在，马六甲还有"三宝城"和"三宝井"的遗址。以后，郑和再下西洋的时候，就把这个地方当作船队的集散地，给远航提供了方便。

　　这里出产一种叫打麻儿香的树脂，像松香沥青一样，火烧即着。当地人民用它在夜晚点灯照明，也用它造船。将打麻儿香熔化涂在船缝里，水浸不透，船就不会漏水了。可见，当时马六甲人民的造船技术也是比较先进的。

┃ 白天识旗夜晚看灯

　　离开满刺加，船队驶入浩瀚的印度洋，来到印度半岛西南的古里国。古里国就是现在印度的卡利卡特，当时是一个商业发达的国家。国王亲自主持贸易，把贸易双方召集到一起，观看彼此的货物，然后逐一议价。价钱议好后，国王在每人手中拍一掌，谁都不能再反悔，然后把价钱写在合同上，交给双方收执，作为凭据。这里的人很会计算，没有算盘，只凭十个手指和十个脚趾，就能把数目算得毫厘不差。

　　印度洋是一个很大的洋，风大浪高，常常会使航船偏离航道，很难保持原定的队形，有时甚至会使船只找不到队伍。那时没有无线电联络，更没有卫星通信设施，给船队的正常航行带来很大困难。几百艘船在茫茫大洋上航行，既要使船队保持一定的队形，使航船免受侵犯，又要及时把命令传达到各船，将各船的情况及时报到指挥中心，还要在有雨有雾、能见度不好的时候保持正常的联络，在当时的确是一个难题。不过郑和对此早有准备，并且作了周到的安排。在出航的时候郑和就明确地宣布过白天认旗帜、晚上看灯笼的联络方法，并且要大家严格遵守。

认旗帜是郑和船队白天进行通信联络的基本方法。每只船上都准备了许多各种颜色、不同大小的旗帜，事先又规定了各种组合所代表的意义，有什么事，只要把旗子高高地挂在旗杆上，别的船一看就明白，非常方便。

晚上看不见旗帜怎么办？那也不要紧，可以用灯笼来帮忙，这就是晚上看灯笼的联络方式。每只船上都携带了上百盏灯笼，用不同的方式组合，挂在桅杆上，或者挂在不同的位置，就可以表达通信的内容，或者告知所处的位置，或者通报所遇到的情况。有时，还可以用生火的办法来作为晚上联络的补充方式。

如果下雨或是大雾，能见度不好，既瞧不见旗帜，也看不到灯笼，怎么办？那也有办法，就是借助声音。当然，这个声音不是人的喊话声，在空旷的大海上，喊话是听不见的。这时候，我们中国的锣鼓就能发挥作用。郑和船队的每条船上都备有大铜锣四十面，小锣一百面，大鼓十面，小鼓四十面。这些锣鼓，用不同的方法敲打，就可以发出不同的信息。所以，雨天也好，雾天也好，敲锣打鼓就是传递信息的好方法。在京剧里，遇到战斗的场面，锣鼓声总是非常急促的，声音也特别大，所以，郑和也利用这种效果，在进行战斗时，用擂鼓助威，或者是鸣金收兵。

这些不同的通信联络方法，虽然用在不同的场合，但也不是生硬地使用。有时候，即使是晴朗的天气，也常常用声音来发令。比如船只前进、后退、集合、休息、升帆、落篷、起碇、抛锚等经常使用的口令，用声音讯号往往更明确，更迅速。

这些行之有效的通信联络方法，给郑和船队的航行带来了极大的便利，也使他们顺利地穿越了茫茫的印度洋，访问了锡兰国，又来到了古里国。

碧海擒盗为民除害

在访问了古里国后，按计划返航。返航途中，船队来到旧港国。旧港国就是现在苏门答腊的巨港，当时有许多华侨在这里居住。

经过几天的贸易、参观和访问，郑和传令各船作回国的准备。船员们长期离开祖国在海上远航，很思念家乡，接到准备回国的命令，大家都很高兴，盼望着早日回到祖国的怀抱，与久别的亲人见面。

在起航的前一天晚上，天空突然乌云四起，风雨交加。当夜深人静的时候，一名警卫人员隐约见到一个黑影在码头上移动着，慢慢地向船边靠近。他紧握手中的武器，密切监视着黑影的动向。当黑影移到船边时，他大喝一声："什么人？"

这一喝，黑影并没有被吓跑，只是停住了脚步。他走近黑影一看，原来是个身材高大的男子。他大声向男子问道："深更半夜，到这里来干什么？"

男子操着流利的中国广东话回答说："有事求见郑和郑

大人。"说完就往船上跨去。

警卫哪里肯让他上船，心想这家伙一定不怀好意，连忙上前拦截："有事明天白天再来，郑大人不见客。"

可那人并不死心，硬是吵着要上船，说："我有紧急事情，一定要马上见到郑大人，要不就会耽误大事。"

警卫见此人这样着急，又说什么要耽误大事，而且又没带武器，也不敢擅自拒绝，就领他上船去见郑和……

约莫过了一个时辰，风越刮越紧，雨也越下越大，天空更加漆黑了。就在这时候，十几只小舢板在海面上划动着，向郑和船队逼近。

只听得一个声音轻轻地说道："快，快划。一点灯光也没有，看来船上的人都睡着了，我们得赶快。"

紧接着又是一阵急促的划桨声。

不一会儿，十几只小舢板划到了宝船跟前。

刚才那个声音又嚷道："快，准备上船！"

话音刚落，随着一阵震耳欲聋的锣鼓声，几十艘宝船上突然火把齐明，把大海照得如同白昼。战鼓喧天，杀声震海。转瞬间，船队已经形成一个包围圈，把那些小舢板团团围住。

这究竟是怎么回事？

原来，一个名叫陈祖义的中国广东人，纠集了一伙匪徒，盘踞在旧港，干着抢劫过往船只，伤害无辜百姓的罪恶勾当。这次听说中国郑和宝船队下西洋路过此地，心中暗自欢喜，料想船上一定有许多金银财宝，正是抢劫的好机会。但他又想到宝船队声势浩大，又有不少武装人员，明抢肯定不行，只能趁刮风下雨的黑夜，偷偷地行事。于是，就在那个风雨之夜，陈祖义纠集了一批人准备下手。但是，这事遭到了他手下施进卿等人的反对。施进卿知道自己人少力薄，不敢明着反对，只好趁陈祖义下手之前，偷偷地向郑和告密。

郑和得到消息，不敢怠慢，立即做防患的准备，并故意装作毫不知情的样子，以麻痹对方，暗地里却加紧监视海面的动静。

果然，陈祖义上当了。当他自鸣得意，准备率众登船的时候，郑和立即发出号令。雨点般的砲石向贼船飞将而去，把强盗们打得失魂落魄。

郑和站在指挥台上，沉着地指挥船员战斗。

强盗见识势不妙，忙想掉转船头逃命，但哪里还来得及。

郑和大声命令："弟兄们，冲啊！"

勇士奋不顾身地跃上贼船，手起刀落，偷袭者一个个命归西天，匪首陈祖义当场就擒。

战斗结束了，灿烂的朝霞在天空升起，把大海映得万紫千红。郑和碧海擒盗，为民除害，威名大震，中国的威望更高了，要求同中国友好的国家不断增多，中国同西洋国家的联系也越来越密切。

郑和押着陈祖义，完成了首下西洋的重任，于公元1407年9月胜利回到祖国。

├── 中华文明洒向四方

船队返航后，明成祖朱棣急忙召见负责暗中寻访朱允炆的官员，但他没有从寻访官员那里得到朱允炆的任何消息，心中怏怏不快。可是，当他召见完郑和，听了郑和的汇报，看到了西洋各国的国书、礼单和交换货物的清单后，不快的心情消失了，对郑和下西洋的成绩非常满意。那珍贵的象牙、犀牛角和其他许多的奇珍异宝，使朱棣眉开眼笑；各国国王写来的国书，赞颂他的才能和中国繁荣富强的话语，更使他陶醉了。从此，对于寻找朱允炆的事，他渐渐淡忘了，他的注意力已经转移到去西洋开展更多更大的贸易、进一步显示中国的富强上面来了。于是，他命令将陈祖义斩首示众，封施进卿为旧港宣慰使，并且告诉郑和，要他和全体下西洋人员好好休息，准备再下西洋。

只休息了几个月，就在当年的年末，郑和就接到再下西洋的圣旨，作了第二次远航。后来，在公元 1409 年 12 月，又奉命第三次出航。三下西洋，到了占城、爪哇、苏门答腊、满剌加、旧港、古里、暹罗、真腊、锡兰等十几个国家，进行了大量的贸易活动，恢复和发展了同许多国家的友好关系。中国的国际威望进一步提高，许多国家纷纷派使节来中国访问，中国同西洋国家的往来更加密切了。这次有 19 个国家派使节来中国。浡泥国国王亲率使团，满剌加的使团有国王、王后和大臣等共 150 多人。这么多外国使团一起来到南京，南京城顿时热闹起来。朱棣在皇宫大摆酒宴，招待客人，向客人赠送贵重礼物。还特地为满刺加国王做了一件金丝绣的龙袍。信仰佛教国家的使节，朱棣就安排他们去佛寺念佛经；信奉伊斯兰教国家的使节，朱棣就安排他们去清真寺念《古兰经》。使节对中国的宏伟建筑和繁华街市，表示无比的钦佩和羡慕。在访问期间，浡泥国国王不幸去世，朱棣用隆重的仪式，把他安葬在南京郊外的雨花台，立了一块碑，上书"浡泥国恭顺王碑"几个大字。还命当时有名的文人胡广撰写了长篇碑文，字里行间，洋溢着两国间的诚挚友谊。浡泥国就是今天的文莱。直到今天，这座墓碑还保留着，也是中国与西洋国家友好往来的一个见证。

三次远航虽然取得了很大成功，但郑和并不满足，他觉得还有很多使命要去完成。他对朱棣说，三次远航到了不少国家，但西洋的西边还没有去，那里还有很多美丽富饶的国家，出产象牙、香料和药材，还有稀奇古怪的动物和植物。朱棣听了，喜出望外。他想，象牙是当时皇宫和有钱人家的高级装饰品，大臣们上朝，手里都要拿一块象牙笏，而这些象牙，过去都是从别的国家转买过来的，如果能直接与出产象牙的国家进行交易，那就再好不过了。因此，他希望郑和不辞劳苦，率领船队到更远的西洋国家去，到产象牙最多的国家去。郑和高兴地接受了任务，又接连作了几次远航。

1413 年 10 月至 1415 年 8 月，郑和第四次远航，并在那孤儿国（今苏门答腊北端）帮助平息了叛乱。这次到达了非洲东部沿海的刺撒（今红海沿岸东南）、阿丹、木骨都束、竹步、卜剌哇、麻林、溜山（今马尔代夫群岛）等国。

第五次远航于 1417 年 5 月出发，1419 年 8 月回国。除了以前访问过的国家，这次还到了印度东岸的沙里丸泥等国。

第六次远航在 1421 年初，1422 年 9 月回国。在东非各国，郑和不仅交换了象牙，也获得了一些珍贵的动物，如卜剌哇的马哈兽（即独角羚羊）、花福鹿（即斑马）、麂和犀牛，竹步国的非洲狮、金钱豹和鸵鸟。值得一提的是，这次远航，郑和曾在祖国的宝岛台湾靠岸，台湾人民热情地欢迎了从祖国开来的船队。郑和在这里补充了淡水，带去了当时台湾还没有的生姜。现在台湾省凤山县有一种三宝姜，就是郑和带去的生姜种植开发出来的，据说可治百病。郑和还在水中投药，要当地的老百姓到水中洗澡治病。

郑和第六次远航期间，1421 年，明朝的京城由南京迁至北京。这时，有一些人反对下西洋，认为下西洋耗费钱粮，弊多利少。不巧皇宫又连遭几次大火，朱棣以为是上天的惩罚，不得已，只好暂停下西洋的活动。

航海技术堪称一流

郑和六下西洋，在南海和印度洋上乘风破浪，对这一带的海洋状况，天气变化，比前人有了更详细、更深入的了解，获得了许多宝贵的海洋知识，积累了丰富的航海经验。每次返航后，他都及时地总结经验，把沿岸的地形和海中的岛屿，一一记载下来，并依据沿海渔民的实践经验，结合当时的航海技术，制作了《针经图式》，就像现在的海图，用来指引航船的路程。下西洋官员巩珍说：海中的山和岛屿，形状各不相同，但有的在前面，有的在左边或右边，可以拿它们作为准则，在这里转向或者继续前进。要准确把握时间，计算不能有半点差错，这样才能到达目的地。选取有经验的航行人员，把《针经图式》交给他们，按图行事。可见，这种图的作用是非常重要的。可惜这种《针经图式》已经失传了，实在是航海史上的一大损失。

好在郑和还绘制了 40 幅航海图，已经流传下来，这就是我们今天看到的《郑和航海图》，它把海洋中的情况编绘得一清二楚，哪儿有岛屿，哪儿有暗礁，都一一标明。还绘出了航至各国的航线，航船应取的方位，航道之间的距离，这叫作"针位"。图中详细记载了从南京下关宝船厂出发，出长江口，沿江苏、浙江、福建、广东海岸航行，跨过南海和印度洋，抵达非洲东岸的航线。这种航线，是借用罗盘，采取"更"、"托"、"针位"加以确定。以 60 里为更，计算距离的远近；以托计量深浅（一托约合 1.7 米），推算浅滩和暗礁；以针位来选取航道。航行途中，需要随时掌握航行几更可到某地；又必须用绳子拴着重锤沉入海底，打量水深几托，探知什么地方有暗礁；还需要根据针位，查明海岛的方位。这样反复操作，久而久之，航行的时候就会很顺利、很安全。

郑和船队测量方位使用的是指南针，当时叫"罗盘"。宝船队的每一艘船上，均有三层罗盘，每一层罗盘由24名官兵把守，掌握航行的方向。可见，郑和对于罗盘是相当重视的，这就保证了方向的准确性和航行的安全。

为了准确地定出航船所在的位置，郑和采用了天文定位的方法，观测天体的高度，因为在相当一段时间内，某个固定地点，在每年同一时间，有些天体的高度是不变的。郑和每次下西洋，总是利用有利的气象条件，趁东北季风出航，趁西南季风返航。所以，船队总是在大致相同的时间，到达相同的地点，这样，他们就可以在固定的时间进行天体观测。为此，郑和还特地制作了专门观测天体高度的仪器，叫作"牵星板"。用航船所测得的某一天体的高度，和所要到达的目的港与该天体的高度差，就可估算出航船与目的港的距离。再利用航海图中标明的航向，就可以顺利航行到达港口。

郑和还利用观测太阳和其他天体在空中的方位来判断方向，结合指南针一起使用，所以确定出来的航向非常准确。这就叫作"天文导航"。

有外国学者专门研究了郑和天文定位和海图的准确性，认为海图上的航线误差一般不超过5度。在600多年前就有这么好的定位仪器和这么精确的海图，说明当时我国的航海技术是十分先进的。

七下西洋百世流芳

郑和六下西洋回国后不久，明成祖朱棣就去世了，他的儿子朱高炽——仁宗皇帝继承了皇位。朱高炽是个没有才能的人，不会治理国家。他觉得派那么多的船和人，花那么多的钱去海上航行，没有多大的意思。一向反对下西洋的户部尚书夏原吉，他原先的意见没有被朱棣采纳，一直心怀不满。现在他得知朱高炽也有和他同样的想法，就

趁机火上浇油，说了许多下西洋的坏话。朱高炽在夏原吉的唆使下，下命令停止下西洋的活动。那时，京城已于公元 1421 年从南京迁到北京。既然不再下西洋了，原先郑和率领的几万人员就没有事情可做。于是，仁宗皇帝就要他们驻扎在南京，任命郑和为南京守备。

可是，朱高炽命短，做了不到一年的皇帝就死了，朱棣的孙子朱瞻基继承皇位，叫作宣宗皇帝。

朱瞻基和他的祖父朱棣一样，是个雄心勃勃的人。他亲眼看到，自从他父亲罢掉了下西洋的活动以来，中国和西洋各国的联系少了，关系渐渐疏远，许多海外珍品也断绝了来源。他想，照这样下去，中国和海外的贸易就会越来越衰落，中国的威望就会越来越降低，要实现他祖父朱棣所说的向海外显示中国的富强，就再也不可能了。想到这些，他很想把他父亲罢掉了的远航事业重新恢复起来。可是，三朝元老夏原吉是非常有势力的人，他坚决不同意，事情就不好办了。事情办不成，朱瞻基心里就一直嘀咕着。

过了几年，在公元 1430 年的时候，夏原吉死了。夏原吉一死，宣宗皇帝就可以如愿了。他派人把郑和从南京接到北京，同他商量再下西洋的事情。

经过六次远航，在海上生活了几十个年头的郑和，这时已经是头发斑白的六十岁的老人了。虽然海风吹粗了他的皮肤，烈日晒黑了他的脸孔，长年累月的仆仆风尘，在他额上留下一道道深深的皱纹，但他仍然精神焕发，目光炯炯，不减当年下西洋时候的那种威严的神情。这几年，他不再远航了，带领原先远航人员驻守在南京，过着安闲平静的生活，种些从西洋带来的奇花异木，但那不平静的远航岁月的经历，仍然时刻萦绕在他的心头。他的眼前，永远滚动着蔚蓝色的波涛；他的耳边，永远回荡着大海无穷无尽的喧响。他是多么热爱海洋和海洋航行啊！在这几年里，他的脑海中也曾闪现再下西洋的念头，但那只不过是出于对阔别许久的海洋的思念，一种美好的梦幻罢了。然而，令他没有想到的是，当今皇上竟然真的请他率船队再下西洋。他激动地对朱瞻基说：

"虽然臣已经是六十岁的老人了，但身体还很健壮。陛下有这样的雄心壮志，把同西洋国家的友好关系发展下去，臣愿尽有生之年，为大明国再效犬马之劳。"

宣宗皇帝听了这话，非常高兴。他要郑和回南京好好准备，争取早日成行。

公元 1431 年 1 月，苏州刘家港又热闹起来了。郑和率领的船队，又齐集在这里，待命出航。

由于郑和六下西洋，名震中外，时隔多年，又要率船队远征，所以前来送行的人十分踊跃。起航的那天，码头上人山人海，锣鼓声、鞭炮声、欢呼声融成一片，响彻云霄。

郑和雄姿英发地站在指挥台上，向送行的人群招手致意。

起航的时刻一到，郑和便命令各船张帆。霎时间，几十艘宝船挂满风帆，徐徐离开码头，又向着辽阔的大海乘风破浪。

　　船队重访占城、爪哇、旧港等国后，又来到满剌加，在这里分散开来，分头赴各地访问。郑和率领一支船队横渡印度洋，穿过曼德海峡，沿红海北上，来到一个"新"的国家——天方国。位于红海岸边的天方国，是一个伊斯兰教大国，物产丰富、文化发达、商业繁荣，被人们称为天堂。天方国的京城麦加，是伊斯兰教的发祥地，是郑和的祖父和父亲前来朝圣过的地方。郑和从小就怀着远航朝圣的梦想，如今，当他鬓发斑白的时候，竟然能够实现童年的梦想，兴奋的心情是无法用语言来形容的。因为每个穆斯林一生当中要尽可能到麦加城朝圣一次，所以麦加城里总是人山人海，朝圣的人络绎不绝。

　　朝觐在每年回历 12 月 8 日至 13 日举行。人们涌入清真寺内，争先恐后用手去摸陵墓的大理石，常常因兴奋过度而昏厥。其实陵墓非常简单，除了一些题词外，再没有其他什么装饰物。但因为这是先知的陵寝，所以是每个穆斯林朝思暮想的地方，都为能亲手摸到它而自豪。

　　各路船队按照约定的时间到满剌加会合，浩浩荡荡地踏上归途，于公元 1433 年 7 月回到祖国，结束了第七次，也是最后一次远航。

　　郑和七下西洋，经历了 40 多个国家，跨越 28 年时光，这在世界上是绝无仅有的。它在人们认识海洋和远洋航行的历史上写下了华美的篇章。

三、开辟欧亚新航路

├─ 东方见闻录的启示

在郑和七下西洋，开辟从东方到非洲的航路的那些年月里，欧洲航海家主要还是在地中海航行，或者沿非洲西海岸缓慢地南下。他们没有找到抵达东方的海路，心中充满了苦闷和彷徨。葡萄牙王子亨利就是其中一个著名的代表。

一天，亨利亲王得到了一本书，在王宫里专心致志地阅读。他时而在书上勾划，时而闭目冥思，仿佛书中的情景把他带入了另一个奇异的世界。这本书是一本游记，名叫《东方见闻录》。

亨利废寝忘食地读着，简直到了入迷的地步。当他读完最后一页，兴奋的心情真是无法用语言来形容。他自言自语地说："我一定要派船队到中国、印度去！"，他的语气非常坚定。

那么，游记里究竟说了些什么，使亨利如此激动？他又为什么一定要派船队到中国、印度去呢？我们就简要地说说来龙去脉吧。

公元 13 世纪中叶，意大利威尼斯城的一个沿海小岛上，住着一个叫马可·波罗的少年。他从小就爱凭窗远眺，看那亚得里亚海上的景色，看那高挂彩帆驶入港内的船只。这些船只从遥远的地中海彼岸驶来，卸下许多奇珍异宝。有时，他索性去码头，观看卸货的情景。当他看到那闪闪发光的金银珠宝、色彩缤纷的丝绸绢缎和玲珑剔透的陶瓷器皿时，不禁惊讶得喊叫起来："呵，多好看的东西！它们是从哪儿来的?"真的，他从来都没有见过这么好看的东西。他问水手，水手告诉他说，是从遥远的中国和印度来的。从此，在马可·波罗的心中，便滋生了想去中国的美好愿望。

说来也很凑巧，他的父亲和叔叔也都是商人，外出经商有好多年了，一直没有音讯，家人都以为他们已经死在异国他乡了。可就在马可·波罗 15 岁那年，他们出人意料地回来了。父亲和叔叔说他们到了中国，见到了中国皇帝忽必烈。他们给马可·波罗讲述一路的航海经历和在中国的见闻，说中国的繁荣、富庶是欧洲无法媲美的。还说中国皇帝给了他们一块金牌，上面写着圣旨，说凡是他们经过的地方，都必须免费提供给他们所需要的一切。

马可·波罗常常听得入了神，从此，更坚定了去中国的决心。两年以后，他的愿望果然实现了，父亲和叔叔决定带他一起再往中国。

公元 1271 年，马可·波罗跟随父亲和叔叔踏上了前往中国的航程。经历千辛万苦，冒着九死一生的危险，他们终于到达了北京。

13世纪的时候，在孤陋寡闻的欧洲人眼里，意大利的威尼斯是最伟大的城市了。然而，当马可·波罗和他的父亲、叔叔来到中国京城时，不禁大为惊讶，相比之下，威尼斯不免黯然失色。宏伟的京城，方圆七八十里，高大的城墙，把城市紧紧围住。城墙的东西南北，共有十二个城门，城的四角和每道城门上，都有宏伟的城楼。街道笔直而宽敞，从这一头可以望到那一头。道路的布局，像棋盘一样，横竖交错，井井有条。那巧夺天工的御花园，绿草如茵，溪水潺潺；园内的苍松翠柏，挺拔刚劲，奇花异草，争妍斗艳；嶙峋的石山上，喷泉吐嫩玉；碧绿的水池里，红掌拨清波，真是天堂般的世界。

马可·波罗这样来形容他所见到的中国皇宫，说它建筑得真是宏伟而华美，世界上再没有人能够想出比它更好的图案了。宫殿的屋顶，全是朱、黄、蓝、绿的彩瓦，它们相互辉映，宛如水晶一般。宫殿里的墙壁，全用金银镶砌，灿烂辉煌。宫殿是那样宽阔，宴请六千宾客也绰绰有余。

马可·波罗来到杭州，见城中有一条蓝色的运河，河上有石桥可通行人；街道平整宽阔，全由石头铺砌而成；店铺里摆满了金银、宝石和香料之类的珍贵物品；街上人群熙攘，热闹非凡。城外有一个湖，湖水清新秀美，两个小岛点缀其中。巨大的画舫，在湖中游荡。凭窗远眺，湖光山色，尽收眼底。在茂密的丛林间，坐落着一座座寺庙，寺内香烟缭绕，幽静安闲。他觉得自己仿佛不是置身人世，而是来到了天堂。在他的书中，杭州就这样被称作天城了。

马可·波罗在游历期间，每到一个地方，总要考察当地的风俗民情，物产状况，并向皇帝报告。因此，忽必烈对他很赏识，并委他以官职。还多次派他出使外国，远航到过越南、印度、斯里兰卡等国，所以马可·波罗对印度等国的情况也很了解。

马可·波罗在中国居住、游历、做官，整整度过了十七个年头。后来他得到皇帝忽必烈的同意，带着皇帝赐给他的巨额赏赐，带领十三艘大船，踏上回国的路程。经过两年多的漫长航行，他们回到了威尼斯，这时，他们已离别家乡二十六年了。此时，少年的马可·波罗已是长了胡子的壮年，加上他们的衣着打扮，讲话口音，都完全不像是一个威尼斯人。所以，当他们来到自己的家门口敲门时，人们竟然不认识他们了。老一辈的人都死了，小一辈的不相信他们是波罗家族的人，还以为他们是骗子呢！

看来，光凭嘴说是无法使家人相信的。他们只好把还记得的亲戚朋友请来赴宴，或许亲朋们能给他们一个证明吧。为了表示富有，他们特地换了多套豪华的服装，在客人面前炫耀。然后取出几个沉重的包裹，那是用他们二十六年前离家时所穿的三件旧衣服包裹着的。这时，众宾客和家人终于认出他们的确是波罗家族的人了。消息传出，威尼斯城立即轰动起来。

从中国带去的大量金银财宝和珍奇物品，使马可·波罗成了威尼斯的豪门巨富。多年游历东方积累的渊博知识，又使他成为颇有名望的学者。于是，他口授于人，写下了这本《东方见闻录》。

这本书一问世，立即引起热烈的反响，人们都想要得到中国和印度的产品。醉心于海外扩张的亨利亲王读了这本书，抑制不住内心的激动，决心开辟前往东方的航路。

┠ 向西航行前往东方

那时候，葡萄牙中央集权的封建王朝为了寻求香料、丝绸、黄金和占领海外殖民地，极力鼓励人们进行海洋探险，寻找一条通往富庶东方的道路。因为 15 世纪中叶以来，土耳其帝国的建立，阻碍了亚欧之间早已开展起来的陆上交通，于是，寻找一条前往中国和印度的海路就更加急需。亨利是这一政策的积极追随者和具体执行者，他没有继承王位，而当了一个通商和移民大臣。为了这个目的，他亲自钻研造船技术，学习航海知识，后来又办起了航海研究所，雇佣了当时意大利最优秀的制图学家和领航员。当时葡萄牙的航海事业并不发达，只能在离岸大约十一千米以内的近岸海洋上航行。兴办这个航海研究所给葡萄牙的航海事业以很大的刺激，航海技术得到迅速提高，船队能够到比较远的地方去航行了。从此，亨利亲王便不断派船前去探险，并且亲自参加探航工作，所以赢得了"航海者亨利"的称号。当他从马可·波罗的书中详尽地了解到中国、印度等东方国家繁荣富庶的情形后，远航扩张的欲望就更加强烈了。

他不断派船沿非洲西岸南下。但是，尽管当时航海技术有了提高，而造船事业还是不很发达，造出来的仍旧是些小帆船，不能抵御大风浪的袭击。每当船只航至博哈多尔角（今西属撒哈拉西岸）时，总会遇到大风大浪，于是，许多荒诞不经的传说又流传开来。人们真的以为博哈多尔角就是大地的边缘，再往前去，船只就要掉进海洋无底洞。

当时，欧洲人只熟悉地中海周围的世界，更远的地方就不熟悉了。他们知道地中海的东面有个亚洲，印度、中国和日本都是亚洲的国家。也知道地中海的南面有个非洲，他们认为，从亚洲再向东面去，从非洲再往南行，就是大地的边缘，而地中海西边的汪洋大海，也是通往大地边缘的水路，不能走得太远了。前面已经说过，有人还特地在地图上画上一个手持路牌的巨人，拿着"到此止步，勿再前行"的牌子，说是前方有个无底洞，再往前航行，连人带船会一起掉进无底洞。

具有一定地理知识的亨利并不完全相信这些传说，他的强烈扩张欲望驱使他继续派船南下，但十几年来都没有获得成功。难道就此止步吗？不，一定要造更大的海船，往更南的地方航去。于是他找来一批精通造船的工匠，精心地建造了一只较大的帆船；又招聘了一些具有航船经验的水手，物色了一个具有更大冒险精神的船长，希望他能驾着这只大船，冲破博哈多尔角巨浪的阻挡，去探明从非洲向南究竟伸长到多远。1434年，这位船长果然没有辜负亨利的期望，不顾一切危险，越过了博哈多尔角。说也奇怪，渡过那片风浪区后，海洋又开始平静下来了，既没有妖怪出现，也没有掉进无底洞。实际上，这里只是一个小小的大浪区域，完全用不着害怕。这位船长登上了非洲海岸，采了几朵玫瑰花，带回葡萄牙，献给亨利。亨利非常高兴，向南挺进的决心更大了。

他派了很多船只，沿非洲西岸不断向南挺进。船长从更南的非洲大陆带回的金砂和黑人俘虏，促使商人纷纷前去从事掠夺黄金和贩卖黑奴的罪恶勾当。但亨利对此并不满足，他希望船长能替他找到一条通往中国和印度的航路。然而，非洲海岸是如此漫长，以至没有一个船长敢冒险无限制地把船向着渺茫的远方驶去。他们能够做的，只是缓慢地、不断地把航线向南伸延。尽管这样，亨利仍然耐心地等待着，坚持把航行继续下去。后来，有一个船长到达了北纬十六度的塞内加尔河口，逆河而上，在两岸见到了许多散发着香气的果树和黑人居住的茅屋。他报告给亨利，亨利高兴极了，以为沿着这条河流就可以横穿非洲，航行到中国和印度了，但结果仍然是失望。

船队就这样日复一日、年复一年地不停地向南驶去。没有得到什么令人鼓舞的消息，亨利就忧郁地死去了。

├── 风暴之角好望难过

亨利虽死，王室的扩张野心犹存。葡萄牙国王决定继续派船向南探险，去发现通往东方的航路。

1487 年，一个名叫巴塞罗缪·迪亚斯的人，带领三只小船，沿非洲西岸航行到了很远很远的南方。他在惊涛骇浪中瞧见了一个海角，很想绕过去，但终因风浪太大，绕不过去。他返回葡萄牙，告诉国王，说他到达了一个很南的"风暴角"。国王听了迪亚斯的汇报，又看了他绘制的地图，认为绕过这个"风暴角"，就有到达中国和印度的希望，便把地图上标明的"风暴角"划去，改为"好望角"。从此，这个非洲南端的海角，便一直沿用了"好望角"这个名称。

虽说绕过好望角有希望到达中国和印度，但自迪亚斯之后十几年来，却没有人敢冒险前去，都认为到那里去冒险，是九死一生。

好望角地处南纬三十度到四十度的地方，而在四十度附近一带的纬度上，几乎没有什么陆地，海水构成一个连续不断的水带环绕地球。这里又是盛行西风的区域，强大的西风不断地吹刮在辽阔的海洋上，风力经常大到九级。海水受到强风持续不断地吹动，又没有陆地阻挡，能够充分地获得风给予的能量，因此风浪特别大。汹涌的海水像脱缰的野马，如决堤的洪水，奔腾咆哮，掀起十多米高的巨浪。不要说 5 个世纪以前的帆船，就是现在的万吨巨轮通过这一海域，也非常危险，有时也要被迫返航。搞不好，人船俱毁。

通往东方的航路没有打通，金银、珠宝、香料的贸易仍然操纵在土耳其人手中，这对葡萄牙是很不利的。一定要绕过好望角，直接到东方去，国王再次下了决心。于是，一个更大规模的远航计划在紧张而秘密地进行着。

这次建造了四艘更大的帆船，物色了一个叫达·伽马的人率领，储备了三年的粮食，抱着绕过好望角去到东方的目的，开始了新的远征。

┃ 新的航路终于开辟

1497 年 7 月的一天，达·伽马率领四艘大型帆船准备起航。一清早，他就带领 170 名水手，捧着象征光明的蜡烛，来到船只停泊的海滨。基督教的牧师替他们"祝福"，祝他们平安顺利地绕过好望角，到达东方。宗教仪式结束以后，人们随即登船，扬帆启航，离开里斯本港口。由于这次的船只较大，又采用了从中国传来的航海新仪器——指南针，还配备了一些其他的航海新仪器，所以一路上航行比较顺利。一连航行了 3 个多月，就远远望见了好望角。船员兴奋地升起了葡萄牙国旗，鸣放礼炮，祝贺航行成功。

在离好望角不远的圣赫勒拿湾，船队进行休整，等待风浪稍有平息时，就驶过好望角。在岸上，他们见到了头发卷曲、戴着铜制装饰品的黑人居民。居民好奇地围观他们的船只，高兴地接受他们赠与的小圆铃。

为了减轻负担，达·伽马抛弃了一只储藏船，将船上的物品分装在另外三艘船上。那艘船上的人员也分散到其他船上，等了大约一个多星期，达·伽马终于命令三船起航，毅然决然地踏上绕过好望角的航程。真出人意料，船队居然没有遇到什么危险，顺利地绕过了好望角。之后，便沿着非洲东海岸向北行进。越往北，岸上的景色越清新宜人，有许多黑人居住的茅屋。他们来到一个长着茂密棕榈树的港口，有许多房屋，全是白石砌成的。人们身上穿着棉布或细麻布做成的衣服，戴着缎子做成的大额帽子，上面绣着金花。港口停泊着许多船只，装满了金银珠宝等货物，还有丁香、胡椒、生姜等香料。达·伽马真是抑制不住内心的激动，这不正是他奉命要去找的东西吗？他打听到这些东西全是从印度运来的，珍珠、宝石、香料在印度到处都是，可以随便采集，甚至可以不要花钱。这些，更使他垂涎三尺，恨不得马上就航行到印度。

他率船继续北上，来到马林迪靠岸。这里就是中国郑和八十几年以前到达过的麻林国。当地的国王热情地接待了达·伽马，并送给他礼物。国王穿着花缎长袍，坐在大红遮伞下的黄铜椅子里，划船前往欢迎，并在王宫里设宴款待，举行歌舞晚会。前后花了9天时间。达·伽马打听到这里有从印度开来的船只，就向国王请求，派人给他领航到印度去。国王答应了他的请求。于是，在当地领航员

的指导下，达·伽马的船队顺利地航行在阿拉伯海上。三星期后，终于到达了梦寐以求的印度，在印度西南的卡里卡特上岸。这个地方就是郑和第一次远航访问过的古里国。

登上印度的土地，那马可·波罗书中描述的情景，立即出现在他们眼前。

名不虚传的富庶之乡呵！

达·伽马带着葡萄牙国王的书信求见国王，国王派两千士兵，吹着喇叭和风笛迎接他们。他走进王宫，见国王坐在镀金华盖下的宝座上，宝座垫着绿色天鹅绒，身旁摆着许多银瓶和一口很大的金瓶，里面盛满槟榔。达·伽马呈上葡萄牙国王的书信，并启奏说，60多年以来，葡萄牙屡派船只寻找通向中国和印度的航路，都没有成功，这次他终于第一个到达了印度，希望能在印度购买香料和宝石。国王听了达·伽马的启奏，拆阅了葡萄牙国王的书信，同意这些葡萄牙人上岸采购货物。

达·伽马在卡里卡特采购了东方出产的香料、丝绸、珠宝等珍品，并在那里建立了一座大理石的碑柱，来纪念这条新航路的发现。临走时，卡里卡特国王又让他带去一封给葡萄牙国王的信件，说印度出产肉桂、丁香、生姜、胡椒和宝石，愿意与葡萄牙用金银、珊瑚、布匹等来交换。当时印度还没有传入中国发明的纸张，书信是用铁笔写在一张棕榈叶上的。

达·伽马胜利地返回了葡萄牙。他从印度带去的商品，在葡萄牙市场高价出售，获得了相当于航行费用总数60倍的纯利。这种旷古未闻的厚利，引诱了许许多多葡萄牙人和航海家纷纷沿着达·伽马开辟的新航路，前往印度，大量榨取印度人民的血汗，从而开始了葡萄牙资本主义的原始积累过程。

四、横渡大洋新发现

├─ 哥伦布黄金之梦

1474 年，意大利热那亚城一个名叫哥伦布的青年，也像葡萄牙亨利亲王那样，津津有味地阅读着马可·波罗的《东方见闻录》。书中关于中国、印度等东方国家富庶情况的描述，同样使这个年轻人着了迷。在他的脑海里，仿佛这些东方国家到处都是黄金、宝石和香料。他是多么渴望得到黄金呵！他觉得，"黄金是一种令人赞叹的东西！谁有了它，谁就能支配他所想要的一切。有了黄金，要把灵魂送到天堂，也是可以做得到的。"

哥伦布对葡萄牙亨利亲王不断派船寻找去中国和印度的航路，深为羡慕，发誓要亲自驾船去开辟通向东方的航路。他后来移居葡萄牙，学习航海的知识，并在地中海进行过多次航行实践。对于罗盘、海图和当地各种航海新仪器，他十分熟悉；对于利用太阳、星星的位置确定船位的方法，也非常精通。他又从地理学家那里学到了大地是圆球的理论。这一切，使哥伦布具备了率船去远航的能力。

他想，本领已经学到了，还有什么好等待的呢，立即去实现远大的抱负吧！

当时，对于地圆的理论，许多人还不了解；一些了解它的人，也不一定完全相信。不少人觉得，大地明明是无穷无尽地向远方伸展着的，怎么能够是圆的呢？这太不可思议了。但是，主张地圆说的人也可以提出许多论据，来说明地球的圆形是确定无疑的。例如，他们说，当你站在海边，眺望远方归来的航船时，你总是先见船桅，后见船身，这难道不正是地圆的最简单、最直观的证明吗？事实上，很早很早以前，就有人提出了地圆的说法。希腊数学家毕达哥拉斯（公元前 572—前 497 年）是提出地圆说最早的先驱，不过他当时还找不到足够的证据来证明自己的理论。后来，希腊哲学家亚里士多德（公元前 384—前 322 年），发现月食时月面黑影呈弧形。他想，月食是大地的阴影把月亮遮住的现象，黑影呈弧形，说明大地是圆球形状。

哥伦布相信地圆学说。他想，中国和印度明明在欧洲的东方，亨利亲王派船沿非洲海岸南下，是无济于事的。如果一直向西航行，倒是可以达到目的。于是，他开始筹划远航，要一直向西航行到东方去。

哥伦布虽有远大的抱负，但缺乏实现抱负的手段。他没有钱，不能像亨利亲王那样自己建造船只，招聘水手。除了借助王室的力量，他一点办法也没有。经过一番周折，他的远航计划终于得到了西班牙国王斐迪南，女王伊莎贝拉的支持。女王对他说，她很欣赏他的热心和勇气，相信他能按计划到达东方，因此决定同意为他装备一支远航船队。哥伦布很关心自己的名誉和地位，在女王面前，提出了他所要求的报酬，也得到了满意的回答。以后，国王和女王又用书面的方式同意了他的计划，封他为将来他所发现的"一切岛屿和大陆的海军上将"；他无论用什么方法得到的财物，除去航行的费用外，他本人可享用十分之一，其余都上交国库。

条件谈妥后，哥伦布便着手进行准备，去实现他早就做起了的黄金梦。

上征途起步维艰

但是，准备工作一开头就不顺利。哥伦布得到的只是三艘破旧不堪的帆船，最大的"圣马利亚"号不过一百三十吨，中等的"平特"号九十吨，"宁雅"号最小，才只有六十吨。因为女王虽然同意了他的计划，但对他的远航能否成功，仍然表示怀疑。所以，不肯花很大的本钱让他去冒险。给他三条破军舰去碰碰运气，成功了，那是一本万利的事；失败了，就算是白给了他。

招募水手，也是一件相当困难的工作。因为当时"地圆说"尚不流行，而海洋无底洞的说法倒是流传很广。所以，很少有人愿意冒着生命的危险前去远航。要是掉进无底洞去，那就永远也回不来了。再说，茫茫大海，风急浪高，遥遥无期的远航生活，枯燥而乏味，说不定还有被大海吞没或被妖怪吃掉的可能，谁肯去受这样的折磨和痛苦！哥伦布没有办法，只得建议国王和女王，强迫征集了一批刑事罪犯，勉强拼凑了一个八十八人的队伍。

准备就绪，哥伦布就忙着起航了。

1492 年 8 月 3 日拂晓，西班牙巴罗士港人群熙攘，人们前来为哥伦布的舰队送行。

舰队中最大的"圣马利亚"号充当"海军上将"的旗舰，"平特"号和"宁雅"号由上将的两位朋友指挥。当太阳爬上港口的小山，照亮著名的白色修道院的时候，三艘船拉起篷帆，缓缓地离开码头。无可奈何的水手，对送行者挥泪告别。他们感到自己是向着黑暗的大地边缘驶去，向着那可怕的海洋无底洞航行，再也不可能有生还的希

望了。

按照哥伦布的计划，到亚洲东部去的最短航路，是从加那利群岛一直向西航行。所以，离开巴罗士港后，舰队就朝加那利群岛驶去。

在加那利群岛停泊期间，哥伦布对那艘已是千疮百孔的"平特"号作了一番修理，进行了补给，直到9月6日，才起航西行。

头几天，航行得比较顺利。一路上风平浪静，天朗气清。灿烂的阳光照射在蓝色的海面上，映出万点银星。既无吃人的海怪，也未见半点无底洞的影子。海鸥在船边飞翔，鱼儿在水中戏游。看来，海洋也没有什么可怕的呀！水手的消沉情绪渐渐有所缓和。有时，大胆的水手还敢跳下海去洗澡呢！

然而，日子一天天过去，陆地还不见来临，水手又开始不安起来。后面的加那利群岛，早已不见踪影，前面是无穷无尽的海洋，水天一色。到底要驶到哪里去呢？正当人们发出恐惧的哀叹时，9月16日，突然在远方出现了一片草地，很像是一块陆地，重新振奋了大家的精神。哥伦布也意想不到这样快就到了亚洲东部，更是格外高兴。可是，当舰队驶近草地时，人们便大失所望了，因为它根本不是什么陆地，而是漂浮在水面上的海草。用绳子测量一下海深，几百米的长绳也触不到海底，说明附近很少有陆地存在的可能。人们的希望就是这样时明时灭，情绪也随着时热时冷。

　　海草一望无际，好像茫茫的海上大草原。舰队艰难地在草原上航行，几天几夜都看不到尽头。

　　"会不会出什么事？"哥伦布焦急地暗暗寻思，表面上仍装得非常镇静。

　　水手指望渡过海草区后，能够见到陆地，便忍耐着向前行进。可是，一个星期过去了，另一个星期又来了，无边无际的草原仍然没有完结。人们开始忍受不住了，牢骚、怨言随时随地都可听到。在海草区整整航行了三个星期，才摆脱了恼人的纠缠。后来才知道，他们是进入了马尾藻聚集的海域。这一海域位于北大西洋环流中心，风浪很小，水流微弱，马尾藻不能远徙，就在这里"安家落户"，生长、繁殖，覆盖了大约四百五十万平方千米的海面，因而使这一带赢得了"马尾藻海"的号称，或者简称藻海。

　　藻海虽然已经渡过，前面仍是水天相连，茫茫一片，没有一点陆地的影子。水手由于忍受不了，不满的情绪再次发生了，坚决要求哥伦布改变航向。于是，舰船改向西南行驶。可是，走了三天三夜，还是没有发现任何目标，水手说什么也不干了，强烈要求哥伦布调转船头，驶回西班牙，否则就把他扔到大海里去。哥伦布无法可想，只得同大家好言相商。他说，现在离家乡已经很远了，回去也有困难，但离目的地倒是越来越近，希望大家坚持几天，并且还答应发给大家一些钱。这样，才勉强把船员的情绪安定下来。

　　10月11日，哥伦布在"圣马利亚"号船舷边看到一根漂浮着的绿色芦苇，非常兴奋，连忙对大家说，这芦苇肯定是陆地上漂过来的，附近有陆地是没有疑问的。大家听了也都很高兴，眼巴巴地盯着前方，仔细地搜索。不久，"平特"号的锚又钩上了一株陆地上的植物，"宁雅"号的水手也看到一条果实累累的小枝。这种种迹象，确凿地说明陆地就在眼前，没有人再怀疑了。晚上十点多钟，哥伦布忽然看到前面有摇曳不定的火光，由于太远，看不清楚，便叫两个水手来看。可是，一个水手说，那的确是火光；另一个水手则说，不是火光。到底是陆地上的火光，还是幻觉，哥伦布无法肯定。

又过了几个钟头，到 10 月 12 日凌晨两点钟的光景，"圣马利亚"号和"宁雅"号上熟睡的人们突然被枪声惊醒。哥伦布急忙跑上甲板，值班人员告诉他，是"平特"号发出的讯号。于是，三条船相互靠拢。当人们听到"平特"号水手发现了陆地时，都非常激动。不久，所有的人都在晨曦中瞧见了那块陆地。

从加那利群岛出发算起，哥伦布率舰队横渡大西洋，共历时 36 天。

凭猜想指鹿为马

三艘军舰朝那块看得见的陆地驶去，很快，一个绿树成荫的平坦岛屿，便清晰地展现在人们眼前。岛的中央有一个很大的湖泊，但没有山。哥伦布命令在离岸不远的地方抛锚，然后同各舰大小头目乘小艇登岸。一踏上海岸，他就迫不及待地树立木杆，率众头目跪在地上，升起一面西班牙国旗，表示他们已为西班牙国王和女王占领了这块土地。之后，他又环顾四周，想着自己幸运的未来，而脚下的这块土地，就是幸运的开端，它象征着救世主赐给自己的最初的恩典。于是，他脱口而出，把这块刚刚踏上的土地，命名为"救世主岛"。在西班牙语中，"救世主"读作"圣萨尔瓦多"。从此，这个位于北纬二十四度，西经七十四度半的岛屿，就被人们称为圣萨尔瓦多岛，又称华特林岛。

岛上居民好奇地瞧着这些不速之客的到来，以友好的态度迎接他们，送给他们棉纱、标枪等物品。这时，哥伦布一行对岛上的居民也还算友好，送给他们珠子、铜铃和红帽子之类的小物品。哥伦布是这样描写这些岛上居民的：

"我所见到的所有人都还年轻……他们的身材也很好，他们的身体和面庞都很漂亮；头发则很粗，简直像马鬃一样，并且很短。他们的皮肤和加那利群岛上的居民一样，不黑也不白……他们没携带、也不懂得铁的武器，当我把剑拿给他们看时，他们抓住了剑刃，因无知而割伤了手指。他们没有任何铁器……"

哥伦布的目的是寻找出产黄金、宝石和香料的中国和印度。当他在岛上见到一些居民鼻子上穿挂着金片时，真有说不出的高兴。他想，他是来到中国的土地了，不久，就可以满载奇珍异宝和黄金返回西班牙。可是，当他在岛上兜了一圈以后，心里又不免疑惑起来。因为他既没有见到高大的中国宫殿，也没有找到出产黄金的地方，见到的只是一些小小的村落。然而，当他瞧见远处隐约还有许多岛屿时，疑惑顿时消失了。他暗自猜测：这个地方也许不属于中国，马可·波罗不是说印度附近有许多岛屿吗？对，这就是印度群岛。打从这时候起，他就一直指鹿为马，把这一带叫做"印度群岛"，把岛上的居民叫做"印第安人"。其实，这是大西洋西岸、中美洲东岸的一群岛屿，离印度还远着哩！这个圣萨尔瓦多岛和附近的一些岛屿，就是现在的巴哈马群岛。巴哈马群岛由 14 个大岛、约 3000 个小岛和珊瑚礁组成，面积 13950 平方千米。它们经历过许多殖民者的统治，直到 1960 年 1 月才开始实行"内部自治"。

哥伦布兴致勃勃地率领舰队在"印度群岛"中航行着，从一个岛来到另一个岛。他带着随船来的阿拉伯翻译，到处打听出产黄金的地方。他相信所有的亚洲人都会讲阿拉伯语，这里既然是"印度群岛"，人们当然也懂阿拉伯语。可是转了半天，没有一个印第安人能听懂阿拉伯翻译的话。翻译不得不提醒哥伦布，这里或许不是印度。然而，哥伦布是个十分自信的人，他不肯轻易改变自己的想法。语言不通，他就用手势与印第安人交谈。聪明的印第安人从手势中了解到哥伦布急于寻找黄金，便将手指向西南，示意那边有很多岛屿，其中有一个岛，有很多黄金。

哥伦布早就知道亚洲有一个叫"日本"的岛国。据马可·波罗说，那里黄金和宝石极为丰富，宫殿的屋顶和地板全用黄金铺盖，哥伦布想，印第安人说的很可能就是日本。于是，他命令向西南航行。

航行了十多天。10 月 27 日，太阳落山时，一个巨大的岛屿果真出现了。巍峨的绿色山脉，向远方伸展开去，气势十分雄伟。哥伦布兴奋极了，认定这就是日本。他满怀希望地在岛上找寻出产黄金的地方，可是一连找了好几天，什么也没有找到。繁华的街市，金屋顶的宫殿，全无踪影。见到的只是一些棕榈叶做顶的茅草屋、独木船和赤身裸体的土著居民。

"难道这里不是日本？难道马可·波罗夸大了日本的富庶？"他左思右想，实在弄不清是什么原因。他拿出少量黄金，询问土著居民，哪里有这种东西。居民们不约而同地指向内地，说那里是岛的中心，有一个出产黄金的地方，叫做"古巴纳铿"。

"古巴纳铿？纳铿？铿？呵，我明白了！"哥伦布发疯似的喊道。

"古巴纳铿，这个铿字，也可读作可汗，也就是中国元朝皇帝大汗。所以，印第安人说的那个'古巴纳铿'地方，就是中国的京城。"

这真是了不起的发现！水手都为这个发现所鼓舞。这回可好了，出产黄金的中国找到了，很快就可以载着满船满船的黄金回西班牙去了。哥伦布更是激动，立即派两名急使，带着西班牙国王和女王的国书飞速前去晋见中国皇帝。他自己则率领一大批人员随后赶去。然而，急使也好，哥伦布本人也好，都没有见到中国皇帝。岛上散布着的只是一些落后的村落和小块耕地。地里种了些棉花和欧洲人当时还不认识的玉米、马铃薯和烟草等农作物。如果说还有什么稀奇的事情，那就是西班牙人在这里第一次见到了吸烟。以后，吸烟的习惯也就很快传入欧洲，并且流行起来。

突如其来的兴奋和激动很快又冷却下去，哥伦布又一次搞错了。这里是加勒比海的古巴岛，在这里怎么能找到中国京城，见到中国皇帝呢？

哥伦布在古巴岛上找了很久，仍然没有找到黄金产地，也没有见到繁华的城市，和马可·波罗《在东方见闻录》中叙述的中国，实在相差太远。但他仍然坚信这是中国的一部分。他自我安慰地想到，这里也许是中国最贫穷的地方。正在纳闷的当儿，他的部下告诉他，说是打听到了离这里很远的地方，有一个很大的岛屿，岛上居民颈子上挂着金项链，耳朵上垂着金耳环，胳膊上戴着金手镯，甚至脚上也有金的装饰品。哥伦布听后，立即转忧为喜，并再次想起了马可·波罗在见闻录中谈到过的情景：在中国的东方，有一个富庶的日本，出产黄金。人们手中的黄金很多，国王的黄金更是多得不计其数。想到这里，他十分得意，觉得尽管上次搞错了，这次一定不会搞错，那地方一定是日本，必须马上到那里去。

正当哥伦布准备起航前往"日本"时，人们告诉他，"平特"号不见了。

"平特"号到哪里去了呢？谁也不知道。但哥伦布心里却猜到了几分：它准是抢先开到"日本"去找黄金了。

的确是这样。"平特"号舰长在哥伦布之前先听到了上面那个消息，也顾不得同哥伦布商量，趁黑夜挂满风帆，单独向"日本"驶去了。

哥伦布暂且撇开这事，率领"圣马利亚"号和"宁雅"号，火速赶往"日本"。没行几天，就到了一个大岛，当地人民称为"海地岛"。哥伦布见岛上风景美丽，又见到不少黄金，更加肯定他是到了"日本"。

在海地岛上，岛民友好地送给欧洲人许多金块，一位酋长赠给哥伦布一个金耳朵、金鼻子和金舌头的假面具。然而，这些西班牙人根本无视岛民的这种友谊，贪得无厌地想要得到黄金，竟采取各种卑鄙的手段。起初，他们用一些玻璃碎片、碎碗、破盆等无用的东西，作为交换物。后来，干脆什么也不给，把岛民的一切财物都抢到手上，据为己有。

进行了一阵抢劫后，哥伦布又根据一位老人的指点，了解到海地岛的南面还有一个岛，遍地是黄金，人们把黄金收集起来，用箩筛过，然后把它们熔化，制成各式各样的物品。哥伦布想，那一定也是属于日本的一个岛，为什么不到那里去弄更多的黄金呢？

可是，不幸得很，正当他命令起航的时候，旗舰"圣马利亚"号搁浅了。三艘军舰，一艘逃跑，一艘搁浅，只剩下最小的"宁雅"号，继续航行已不可能。于是，哥伦布决定返回西班牙，把"圣马利亚"号上的东西全部搬到"宁雅"号上。但这样一来，"宁雅"号满载了，无法容纳两艘舰上的全部人员。哥伦布又决定留下一部分人，其余人跟他一起回国。

有39个想在海地岛找到更多黄金的人自愿留下来。哥伦布给他们留了一年的粮食和酒、肉等食品。又用搁浅了的"圣马利亚"号的船壳和木料，筑成一个小小的城垒，还安了两门旗舰上的大炮。这就是欧洲殖民者在美洲建筑的最初的基地——纳维达德。

迎英雄衣锦荣归

哥伦布带着为数不多的黄金和十名俘虏来的"印第安人"，以及一些当时欧洲还没有的奇异植物和鸟的羽毛，驾驶着"宁雅"号，向东驶去。两天以后，出其不意地遇到了开小差的"平特"号。"平特"号舰长对哥伦布发誓说，他离开舰队并不是自己的本意。"平特"号的水手都站在舰长一边，"宁雅"号舰长又是他的弟弟，所以哥伦布不便当场采取什么行动，假意装作若无其事，暗中却盘算着以后找机会惩罚他。这样，两艘军舰又走在一起了。

"宁雅"号在暴风中挣扎了四天四夜，总算没有葬身海底，幸存了下来。第五天黎明，风浪平息下去了，船已被吹到亚速尔群岛中的圣马利亚小岛附近。

在圣马利亚岛靠岸修整后，"宁雅"号继续东航。不久又刮起了猛烈的暴风，船被吹到离里斯本不远的葡萄牙海岸，又一次侥幸地得救了。哥伦布忙派一名急使前往西班牙，向国王和女王报告他到达"印度群岛"的喜讯，并率船向巴罗士港进发。

1493 年 3 月 16 日，"宁雅"号在巴罗士港靠岸，"平特"号也在同一天到达。没过几天，哥伦布还没有来得及想法惩罚，"平特"号舰长就见上帝去了。

急使带去的消息，早已传遍了西班牙。人们纷纷来到巴罗士港，欢迎哥伦布的归来。当他踏上海岸的时候，人们向他欢呼，钟声、炮声响个不绝，倒也十分热闹。接着，在巴罗士山上的修道院里，举行了庆贺大会。随后，在国王和女王派来的特使陪同下，哥伦布一行前往王宫。

远航者们在骑士大队护送下，得意洋洋地向王宫走去。一路上，挤满了欢呼和看热闹的人群。手持长矛和弓箭，头戴黄金装饰品的"印第安人"走在最前面，水手拿着从"印度群岛"带来的奇花异果和各种鸟的羽毛跟在后面。哥伦布行进在水手队伍的最后，踌躇满志地向人们招手致意。王宫乐队高奏欢迎乐曲，尾随着远航者们缓缓前进。

当哥伦布步入王宫时，国王和女王从宝座上站立起来，表示欢迎，并请他坐在身旁，要他讲述一路上的经历，而那些王宫贵族和大臣反倒站立在两边。此时此刻，哥伦布是多么得意啊，他简直是身价百倍了。

哥伦布滔滔不绝地讲述他那不平凡的经历，用尽了夸耀的言词，说他按照预定计划，到达了"印度群岛"，还到了"日本"，很有把握即将到达中国，只因"平特"号开小差，"圣马利亚"号搁浅，不得不暂且返回。还说他在"印度群岛"和"日本"见到了许多黄金，那里有很多金矿，只要派人去开采，就可以源源不断地把黄金运回欧洲。他越讲越得意，故弄玄虚地告诉国王和女王，说他这次带回来的黄金不多，是因为没有时间到中国去，要是到了中国，那就会像马可·波罗书中所说的那样，遍地是黄金，想要多少，就有多少。

国王和女王听完这位海军上将的叙述，高兴得连话都说不出来。满朝文武也一个个目瞪口呆，一齐跪在地上，感谢上帝赐给西班牙如此的洪福。牧师唱起了赞美诗。显然，哥伦布是被当作英雄来欢迎了。

哥伦布抓住这个极有利的机会，向国王和女王提出请求，准许他再筹备一次远航。国王和女王欣然同意。很快，一次新的、规模更大的远航开始了。

海军上将变囚徒

过了一些日子，哥伦布把开采出来的黄金、黄铜、贵重木材和捕捉来的一批奴隶，派船运回西班牙，向国王和女王请功。谁知国王和女王嫌数量太少，对他的成绩极为不满，不但不嘉奖他，反而违背原来签订的协议，颁发一道敕令，准许其他人也可以到"印度群岛"去开采黄金，而将收入的三分之二上交国库。这道敕令使哥伦布惶恐不安，他决定亲自回西班牙，保卫自己的特权。他在国王和女王面前，极尽夸耀之能事，说他已经到达了亚洲大陆，马上就可以进入中国和印度，而且肯定可以带回更多的黄金和香料，请国王和女王相信他，允许除了他和他的儿子有权去获得这些财富外，其他人都没有资格去享受这个荣誉。他还建议说，为了减少航行和移民费用，可以让囚犯去开发他发现的陆地，缩短他们一半的刑期。国王和女王被他的花言巧语所打动，终于撤销了那道敕令，同意他装备第三次远航队，但规模远比第二次小，只有六艘船和大约三百名船员。

哥伦布虽然争取到了第三次远航的权利，可对于究竟能不能航行到印度和中国，实在越来越担心了。他不明白，为什么他所到达的"印度"，竟和马可·波罗所说的完全不同。他去请教当时一个有学问的珠宝商，这个人回答说："宝石、黄金、香料和药材……是从那些居住着黑色或棕色居民的南方国家运来的。按照我的建议，您要遇见这样的居民以后，才能找到这些物品。"

哥伦布听了这个商人的话，决定这一次靠近赤道航行，以便到大西洋彼岸寻找那个居住着黑色或棕色居民的国家。

1498年5月30日，哥伦布出发进行第三次远航。他命令三艘船直接驶往海地岛，自己率另外三艘船向西南航行。7月31日，到达了南美大陆委内瑞拉东北的特立尼达岛。后来，他又沿委内瑞拉北岸向西航行，来到印第安人采珍珠的一群岛屿。水手用小零小碎的物品交换珍珠，因此，哥伦布就把群岛中最大、最高的一个岛叫作"马加里塔"，意即珍珠岛。

哥伦布已经见到了美洲大陆，并且沿它的海岸航行了好几天。他知道这是一片很大很远的还没有人知道的大陆，但由于船上携带的食品很快要腐烂变质了，他不得不尽快赶回海地岛。

哥伦布回岛后，见那里的情况十分糟糕，因为留在岛上的西班牙人，对印第安人的奴役有增无减，双方的矛盾越来越尖锐，压迫者和被压迫者之间的斗争也越来越激烈。殖民者找不到更多的黄金，又要提防印第安人的反抗，终日提心吊胆，情绪消沉。许多人不想再待下去了，纷纷发出怨言，说都是哥伦布坑害了他们。有些人甚至偷偷地驾船逃回西班牙，对哥伦布进行控告。国王和女王对哥伦布的成绩本来就不满意，只是由于他的花言巧语，才勉强同意他第三次出航。现在，他的部下也溜回来告发他了，这就使国王和女王不得不重新考虑他们对哥伦布的决定。就在这时，传来了达·伽马率葡萄牙船只绕过非洲南端好望角到达印度的消息。达·伽马带回大批黄金、宝石和香料，他所见所闻，与马可·波罗在《东方见闻录》一书中关于印度的叙述一模一样，有繁华的街市，有高大的建筑，有各种奇异珍宝，黄金和香料充斥市场，还有茂盛的庄稼。人们深信达·伽马是真的到达了印度，而哥伦布登上的那个"印度群岛"，完全是骗人的勾当，人们不得不怀疑哥伦布是骗子了。再说，海地岛上叛乱的消息又不断传来，哥伦布侵吞公款的议论也在流传着。在这种情况下，国王和女王终于下了决心，取消哥伦布的一切特权，派人前去逮捕了他。

1500年10月，哥伦布带着沉重的镣铐被押回西班牙，显赫一时的"海军上将"，此时变成了囚徒。

关心哥伦布命运的朋友以及资助过他的人，对哥伦布入狱深感不安，想了各种办法去营救他，在女王面前为他开脱，说他是有功劳的，他虽然没有到达印度，但他发现了"西印度群岛"。因为哥伦布坚持说他所到达的地方就是印度周围的岛屿，但当达·伽马真正从印度返航时，哥伦布的话就无法使人相信了。于是，人们便在这群岛屿名字前加了个"西"字，称为"西印度群岛"。这当然是十分错误的。但这个错误的名字却一直被不合理地使用到今天。

├ 错把美洲当印度

国王对哥伦布勇于探索的精神有几分钦佩，既然有人说情，落得做个人情，便下令释放了他，并于1501年批准他的第四次远航计划。1502年，哥伦布又出航了。他率船继续西行，想要在大西洋彼岸寻找一条海峡，以便穿过这条海峡，作一次环绕地球的航行。因为他想，大地如果的确是球形，那就一定能够达到环球航行的目的。他来到加勒比海的瓜纳哈岛，登高远望，瞧见南方隐约有山脉，便断定那是大陆。这次哥伦布没有搞错，那的确是大陆，是现在中美洲洪都拉斯海岸。他驶近大陆，见到一只用整棵大树造成的独木船，非常大，里面坐着二十五个人，身上全都穿着围裙。树叶搭成的遮篷下放着许多物品：各种颜色的布、衣服、铜器、木器以及一大堆可可豆。人们对可可豆极为爱惜，掉了一颗，就有人小心地拾起来。因为这是他们交换的媒介，有类似货币的作用，所以特别珍贵。对于这些，哥伦布并不感兴趣，他感兴趣的是黄金。他把黄金给独木舟里的人看，做手势要他们告诉他，什么地方有黄金。舟中人不约而同地把手指向东南方。

哥伦布见有希望弄到黄金，寻找海峡和环球航行的念头也就暂时抛到脑后去了。船队按照印第安人的指引，向东南方向驶去，并在洪都拉斯角东南一百千米的地方，第一次登上了美洲大陆。可惜他并没有深入大陆，只过了几天，又率船启程了。他们迎着烈风和海流，沿海岸向东航行，梦想能找到出产黄金的土地。可是，在狂风巨浪的吹打下，船很快就漏水了，帆索残破了，船员也一个个筋疲力尽。但哥伦布仍强迫大家继续向前航行。越过洪都拉斯角，海岸突然转向南北方向。风向和流向都变得有利了，他们便以比较快的速度沿尼加拉瓜海岸南下。航行了大约五百千米，进入哥斯达黎加和巴拿马西部沿海后，又转向东南方向，一路上遇到了许多印第安人的独木舟和饰着许多金片的印第安人，所以，哥伦布就把现在的哥斯达黎加一带海岸称为"黄金"海岸。

船队向东南行驶了大约三百千米，海岸又开始转为东北、西南方向。他们进入了巴拿马中部沿海一带。由于天气恶劣，风大浪高，航行十分困难，船队只好在巴拿马地峡西面的一个湾口抛锚。从这里向南，穿过六十千米的狭窄地区，就是另一个大洋——太平洋的巴拿马湾了。但哥伦布对此毫无所知，他一心要寻找黄金。当地居民告诉他，说离这大约九天的路程，有一个富裕的国家，那里的人吃饭、喝水用的都是金碗。许多人从事海上香料贸易。人们外出时，穿着华丽的衣服，戴着贵重的宝石。哥伦布听到这样的形容，真好像绝路逢生一样的高兴。他说，"只要给我所叙述的十分之一，就深感满足了。"可是，强大的海流阻碍着船队的航行。天又不停地下雨，风也越刮越大。船只都开始霉烂了。船员的不满情绪越来越强烈，纷纷要求返航。在这种情况下，要继续航行下去，是很困难的，哥伦布不得不决定返航。

实际上，出产黄金和白银的地方就在哥伦布眼前。他没有能够在这一带仔细寻找，结果错过了机会。洪都拉斯、尼加拉瓜、巴拿马等地，不都有着丰富的金矿和银矿吗？

哥伦布的第四次航行仍然没有给西班牙王室带来更多的东西，非难他的人有增无减，不久，他就在贫困交加中离开了人世，那是 1506 年 5 月 26 日。他的死并没有引起当时人们的注意，只是在 27 年后，才在一个官方的简短记事中提到："被称为海军上将的那个人去世了。"

├ 亚美利加洲全球传

哥伦布航行期间，一个叫亚美利加·维斯普奇的人为他做供应工作。后来，此人单独邀了几个人，沿哥伦布的老路去进行海上冒险，指望能找到更多的黄金。1503年，他写了一本游记，说哥伦布到达的那些岛屿和看见并一度登上的那块大陆，根本就不是亚洲，中国和印度也不在这块大陆上，这是一块新的大陆，人口比亚洲、欧洲和非洲更稠密，各种动物和植物也很多。亚美利加写信告诉他的朋友，讲述了自己的几次航行经历。这封信偶然被一个德国地理学家读到，以为这真是亚美利加发现的新大陆，便在他新绘制的地图上，把这块大陆命名为"亚美利加洲"。以后，其他的地图绘制者也沿袭他的版图，很快"亚美利加洲"便传播开来。西班牙人经过一番查对，发现这块"亚美利加洲"并不是别的什么地方，原来就是哥伦布见到并一度登上去的那个大陆，坚持要把它改为"哥伦比亚洲"，以纪念哥伦布的航行，但已经来不及了，"亚美利加洲"的名字已经广为传播。

亚美利加洲就是现在的美洲，虽然它没有标上哥伦布的名字，但哥伦布在探索海洋的秘密中，仍旧是有很大的功劳。他是第一个在北半球的热带和亚热带海区多次横渡大西洋并发现藻海的人。他对东北信风和北半球的一些海流作过观测。他发现了全部大安得列斯群岛——古巴、海

地、牙买加和波多黎各，发现了巴哈马群岛中部各岛。他还是第一个沿中美洲海岸做长距离航行的人。他登上了美洲大陆海岸，并断定那是一块很大很大的陆地。所有这些，后人是会作出公正的评价的。事实上，人们总是把发现新大陆和哥伦布联系在一起，"哥伦布发现新大陆"几乎成了一句成语，这难道不是对航海家的最高奖赏吗！

五、环球航海谱华章

├─ 王后侍童爱航海

哥伦布几次横渡大西洋，虽然无意中发现了美洲新大陆，却没有达到自己的目的，没有找到中国和印度。正当他在"印度群岛"徘徊的时候，一个葡萄牙人，却在暗中默默地筹划一次更大规模的航行。

这个人是谁呢？这个人就是葡萄牙一个没落骑士家庭的费尔南多·麦哲伦。

1480 年麦哲伦出生，因为家境贫寒，10 岁那年，就被送到王宫当侍童。后来又被送到航海学校学习，并到航海事务厅工作。他先后参加了多次远航，到过印度，积累了丰富的航海经验。从此，他对航海产生了浓厚的兴趣，也滋生了去东方发财的念头。但是，他的运气不好，没有找到发财的机会，终日闷闷不乐。后来，他的一位老朋友从印度尼西亚的马鲁古群岛给他写来一封信，说那是一个香料群岛，如果占领了它，就可成为百万富翁。于是，他跃跃欲试。

麦哲伦熟悉哥伦布的发现，他和哥伦布一样坚信地球是圆的。他想，像哥伦布那样，一直向西航行，然后在美洲找一条海峡穿越而过，就有可能直接航行到香料群岛。问题是有没有这条横越美洲的海峡呢？根据前人的航行经验，结合自己的研究，他认为那条海峡是存在的，而且在美洲南部的某个地方。于是，他制订了详细的航行计划，并把它呈献给西班牙国王。这时，西班牙正好与葡萄牙不和，西班牙国王很想到东方去寻找财富，麦哲伦来得正是时候。

当麦哲伦向西班牙国王呈献绘制得相当精细的彩色地球仪，说明他的航行计划是一直向西，目的是到香料群岛去找香料时，国王极为赞赏，当即批准了他的计划，答应为他装备远航船队。

但是，王室里一些有势力的人反对国王的做法，要求国王不要资助麦哲伦，这使国王很为难。国王觉得不能出尔反尔，仍旧坚持要履行诺言，但支持的力度有所减弱。再说，此时与西班牙不和的葡萄牙得知麦哲伦的远航计划，很不高兴，便派人暗中捣乱，买通为麦哲伦供应食品的商人，使麦哲伦船队装了很多发霉的食物；又唆使西班牙贸易局的人员为麦哲伦的船队收购破旧不堪的船只，一共收购了5艘，全是百孔千疮；还派了一些奸细混入船队。

这些阴谋，麦哲伦全然不知。但不管怎样，经过一段时间的筹备，总算拼凑了一个由256人和5艘破军舰组成的远航队，并准备择日出航。

寻找美洲大海峡

1519 年 9 月 20 日，麦哲伦率领远航队从西班牙桑卢卡尔港出发，向加那利群岛驶去。

这 5 艘船中，"特里尼达"号 110 吨，充当旗舰，算是最好的一艘船了。最大的"圣安东尼奥"号也不过 120 吨。其余 3 艘更小："康塞普逊"号 90 吨，"维多利亚"号 85 吨，"圣地亚哥"号最小，只有 73 吨。

船队航行了 6 天，来到加那利群岛，在这里补充了淡水和副食品。经过一番争论，船队确定了航线，先沿非洲海岸南下，在佛得角群岛再转向西，横渡大西洋。

11 月 29 日，船队顺利地横渡了大西洋，来到南美的巴西海岸。这时，摆在麦哲伦面前的问题是向何处航行？哪儿才有横穿美洲的海峡？这是麦哲伦此次航行的关键。

由于麦哲伦确认这条海峡就在南美洲南部某个地方，所以他命令舰队沿南美海岸南下。但是，找了几个月，也没有找到那条海峡，而且，"维多利亚"号还触了礁。

时间已到了 1520 年 3 月，南半球的冬季就要来临。往后，天气将逐渐变冷，风浪也会越来越大。越往南，情况越糟。为了安全，舰队必须找个合适的地方避风和过冬。3 月 31 日，他们在南纬 40 度以南发现了一个平静的港湾，觉得这是个过冬的好地方，便驶入湾内抛锚，并为这个港湾取了个名字，叫作"圣胡利安"港。今天，在地图上可以找到这个地方。

"圣胡利安"港阴湿、昏暗而荒凉，天气寒冷，成天飘着湿蒙蒙的雪花。岸上见不到一个人影，也没有什么可充饥的食物。在这样一个地方过冬，船员很感失望。为了节约粮食，麦哲伦命令各船缩减口粮，这使大家更感到恐慌与不安。那几个葡萄牙国王派来的奸细，眼看是有机可乘的时候，开始活动起来了。他们利用人们的不满，要麦哲伦增加口粮，或者干脆返航，不要去找什么海峡了。麦哲伦坚定地回答说，除非他死了，否则就要履行自己的诺言，完成到马鲁古群岛的航行计划。并说，从大西洋通向另一个大洋的海峡一定存在，一定要找到。至于粮食问题，他要大家不必担忧，只要按规定消费，不会发生什么问题。何况海里还有丰富的鱼虾，天空中有飞禽，陆地上有淡水，有燃料，更加不用发愁了。他要求大家勇敢地坚持下去，并答应把国王的奖金发给大家。

麦哲伦的回答，对多数人是起了作用的，他们表示愿意在这里待下去。而那些搞阴谋的人却贼心不死。他们一计不成，又生一计，仍在暗地里策划阴谋，妄图用武力发动叛乱，把麦哲伦搞掉，然后返回去，破坏这次远航。

果然，"圣安东尼奥"号和"康塞普逊"号两艘船的船长发难了，他们组织人员武力与麦哲伦对抗，不料麦哲伦早有准备，很快把武装叛乱平息了。他处死了一些人，把一些人流放在荒凉的圣胡利安港的海岸上。其他犯有叛乱罪的 40 多人本应处死，但麦哲伦不愿处理过严，以免引起不良反应。再说，船上还需要人工作，把他们都杀了，今后对航行不利，便宣布宽恕他们。

经过这样的处理，人员的情绪基本稳定下来了，那些心怀不满的人暂时也不敢放肆，终于顺利地度过了冬天。

┝ 太平之洋动人心

在冬天还没有完全过去的时候，为了探索前进的航线，麦哲伦命令"圣地亚哥"号提早去探航，但不幸该船在途中沉没。8月24日，当南半球的春天来临时，麦哲伦的舰队只有四艘船去寻找海峡了。

船队继续沿南美海岸南下。10月21日，在南纬52度的海岸发现了一个很深的凹口，麦哲伦命令"圣安东尼奥"号和"康塞普逊"号前去探航。4天后，两艘船安全返回，报告说这是一条水流湍急的水道，而且水是咸的。麦哲伦听了很高兴，判断这一定是一条海峡，而且很可能一直通向另一个大洋。于是，下令四艘船一齐沿海峡向西驶去。

船队在波涛汹涌、水流湍急的水道里行进。只见两岸悬崖耸立，树木丛生。山顶上覆盖着耀眼的白雪，山麓是茂密的森林。水道迂回曲折，深达千米。它时宽时窄，宽时可达数千米，延伸成平静的港湾；窄时不到500米，两岸陡壁夹峙，甚为险要。起初，岸上没有见到村落，也没有人。后来，在一个皎洁的月夜，船员在左岸（南岸）隐约见到多起上升的轻烟。因为无火不成烟，这上升的轻烟，想必是一堆堆的火，因而船员们便把这里叫作"火地岛"，这就是现在南美南端的火地岛。

火地岛的居民当时生产力还不发达，他们乘坐独木船去海里捕鱼、猎海豹，在陆地上则食一种叫食薹的植物。

舰队在水道里航行了许多天，见不到尽头，不安的情绪又在水手们中间燃烧起来。"圣安东尼奥"号上的奸细趁航船远离船队的机会，纠集一些人把船长绑起来，掉转船头，逃回西班牙去了。这样，船队只剩下三艘船了。

三艘船顽强地在风浪中向西航去。经过大约一个月左右的时间，11 月 28 日，一片浩瀚无垠的大海终于展现在人们面前。这就是说，他们穿过的确实是一条连接大西洋与另一个大洋的海峡，他们终于有希望到达东方的马鲁古群岛了。人们几十年竭力寻找的这条海峡，现在终于找到了。为了纪念麦哲伦的航行，后人就把这条海峡命名为"麦哲伦海峡"。

驶出麦哲伦海峡，船队朝西北方向行进，越过赤道，转而向西。说也奇怪，此后三个多月的航行，竟然没有遇到一次大风大浪，海面平静极了。船员个个都很高兴，麦哲伦更是动情地说道："这真是一个太平之洋呵！"从此，"太平洋"这个名字便叫开了，一直叫到现在。

┝ 命丧黄泉麦哲伦

船队在茫茫的太平洋上航行，虽然一路上风平浪静，

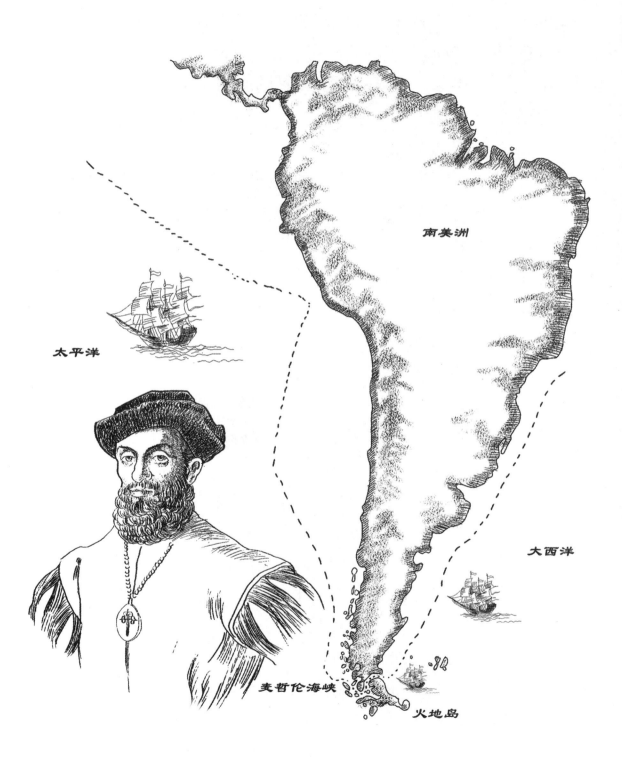

太平洋

南美洲

大西洋

麦哲伦海峡

火地岛

减少了人们不少痛苦，但食物又成了严重的问题。起初，船员还可以借面包屑充饥，尽管这些面包屑已经发霉，长了蛆虫，又掺杂了强烈的老鼠尿的臭味，简直很难入口，但无论如何总还能维持生命，不致饿死。淡水固然也不新鲜了，已经变质发臭，但总还能供给人们身体一点水分，不致渴死。到后来，连这些东西也没有了，情况非常严重。总不见得就这样饿死吧！还是得想办法找点儿能充饥的东西。可是找来找去，实在是一点儿可吃的东西也找不到。有人说，牛皮不是也可以吃吗？这个提议，给人们带来了新的希望。的确，牛皮也可以充饥，船上还有一些牛皮。可是，这些牛皮硬得像石头一样，怎么能吃得下去呢？经过一阵议论，总算有了办法，把它放在海水里浸泡，几天后，再把它放在炭火上烘烤，这才勉强解决了濒于饿死的问题。偶尔捉到几只老鼠，要算是高级食物了。吃的问题虽然暂时解决了，但是，由于长期缺乏新鲜食物，许多人的牙床肿得连东西都不能吃，还是死了。

幸运活下来的人，体质也已衰弱到不支的地步。而面对茫茫的大洋，何时才能航到尽头？有人不得不又提出返回西班牙的建议。但是，麦哲伦坚定地回答说："即使船上的牛皮统统吃光了，我们还是要前进。"

人们疲惫地继续向西航行。1521年1月24日，终于在远方看到了一块陆地，所有的人都异常兴奋。可是驶近一看，却大失所望，原来是一个环状的珊瑚小岛，就是现在的圣巴拉夫岛，岛上一片荒凉，什么也没有。人们只得带着失望的心情离去。过了 11 天，2 月 4 日，又在远方瞧见了一块陆地，再一次激起了水手的希望。但这一次也没有让大家得到什么，因为这个叫阿库尔的小岛，也是满目荒芜。

到 3 月 5 日，连牛皮也吃光了。甲板上并排躺着衰弱到了极点的人们，只有少数几个强壮、精力饱满的水手，仍然坚持着值班、瞭望。他们多么盼望陆地的出现呵！

第二天，3 月 6 日，果然又见到陆地了，瞭望人员突然发出了震耳的喊声："见到海岸了！见到海岸了！"

这一回，总不见得又是荒凉的小岛吧！每个人都热烈地渴望能弄到一点吃的东西。人们怀着希望向前驶去，不久，就看清了这是个有人居住的岛屿，而且岛屿不止一个，有一群。

过着原始公社生活的岛民，对突如其来的三艘大船很觉新奇，纷纷跑来观看。他们不知道什么是私有，一切东西大家随便享用。他们把许多食物送给这些不速之客，也去到船上，随便拿走他们认为新奇的东西。这些举动，对岛上居民来说是极其自然的，但对生活在私有制度下的船员则无法理解。因此，这些欧洲人就把岛民们污蔑为"强盗"，把这群岛屿叫作"强盗群岛"。污蔑不实之词当然是要被推翻的，后来，"强盗群岛"的名字便为"马利亚纳群岛"所代替，并且沿用下来。

3 月 8 日，舰队来到了菲律宾群岛中的胡穆奴岛。这是一个丛林密布、植物繁茂的热带岛屿，香蕉、椰子之类的果实到处皆是。于是，麦哲伦决定在这里作短暂停留，让船员进行一次休整。

过了半个多月，3月25日，舰队离开胡穆奴岛。航行了3天，于3月28日到达马索华岛。这时，一个奇怪的现象引起了麦哲伦的注意，他带来的马六甲随从亨利，竟然能和这里的居民交谈！麦哲伦才恍然大悟，原来他已经来到东方了，已经来到了说马来语的世界，他的目的基本上达到了，他所寻找的香料群岛一定就在不远的地方。其实，他要寻找的香料群岛——马鲁古群岛早已驶过，由于航线偏北，他已来到了马鲁古群岛西北的菲律宾群岛了。

于是，麦哲伦一行便在群岛中穿行，结交了一些朋友，也残杀了不少岛民，并且卷入了部族之间的争斗。在一次战斗中，麦哲伦被射向他的标枪击中身亡，许多船员也被杀害。

剩下的113人，不够应付三艘船的工作，况且，"康塞普逊"号也已损坏，便烧了它，驾着两艘船去寻找香料群岛。

拥抱地球第一人

两艘船在一大群岛屿之间转来转去，也不知道马鲁古群岛在什么地方。后来，遇到两艘当地的小船，才打听到了马鲁古群岛的位置，于是，"维多利亚"号和"特里尼达"号在埃里卡诺和埃斯比诺沙领导下，才踏上了通往马鲁古群岛的正确航路。

11月8日，两艘船来到提多尔岛。当人们了解到这就是他们朝夕盼望的香料群岛中的一个岛屿时，个个情不自禁，兴奋至极，立即鸣炮庆祝，在离岸不远的海面上抛锚。

第二天，提多尔岛国王乘龙舟前来迎接他们。国王坐在绸伞下面，身穿一件袖子上绣着金花的白衣，下身系着长长的围裙，几乎拖到脚跟。他赤着脚，罩着面罩，戴着金冠。年轻的太子坐在他前面，还有四个手捧花瓶和金盒的侍从。

提多尔岛上，树木苍翠，丁香、肉豆蔻、肉桂、胡椒、生姜、香石竹等香料，到处皆是，真不愧是香料之岛。西班牙人尽船上所有，来交换这里的香料。全岛的干丁香都收购完了，还嫌不够，他们便请求国王帮助收集，国王便到邻岛去交涉。后来，西班牙人交换的东西用光了，就把身上的衣服脱下来去交换。终于，两船被香料装得满满的。

两条西班牙船满载香料准备返航，不料，"特里尼达"号严重漏水，埃里卡诺只得率"维多利亚"号先走，于1521年12月21日离开提多尔岛。

"维多利亚"号横渡印度洋，绕过狂怒的好望角，终于在1522年7月13日到达大西洋的佛得角群岛。途中，大部分海员都因饥饿和坏血病死去了，只剩下30个人。由于佛得角群岛当时仍掌握在西班牙的敌国葡萄牙手中，12个上岸的西班牙人当即遭到葡萄牙当局的逮捕。剩下的18个人不得不抛弃他们，立即起航逃命。1522年9月6日，18

个极度衰弱的人，总算回到了西班牙的桑卢卡尔港。

"维多利亚"号的返航，第一次向人们证实了一个无可辩驳的真理：地球的确是圆的。从此，地圆学说便广泛传播开来。

为了表彰首次环球航行的成功，西班牙国王特地制作了一个圆形的地球仪，赠给 18 个远航归来者，对他们说："你们第一个拥抱了它。"

一个有趣的插曲

当"维多利亚"号航船靠岸后，船员和欢迎者之间发生了一场争论。

这是一场关于日期的争论。因为航海日志上记载那天是 1522 年 9 月 5 日，而陆上的日历却显示那天是 9 月 6 日。欢迎者说，船员大概被惊涛骇浪弄得糊里糊涂，把日子记错啦！

船员不服气，他们说，船上天天记航行日志，一天不落，怎么会记错日子呢？

欢迎者斩钉截铁地说，西班牙全国的日历今天都是 9 月 6 日，岂有全国都把日子搞错的道理，一定是船上值班人员在不留心的时候出了差错。

船员说，他们有按时交接班的制度，绝对不可能出差错，所以仍然不服气。

各有各的道理，谁也说服不了谁。

究竟谁对谁错呢？

谁也没有错！

陆地上日历的日子，成千上万的人都在用，肯定是不会弄错的，那天的确是 9 月 6 日；但如果按照船上的记法，也没有错，那天应该是 9 月 5 日。

一天怎么会有两个不同的日期呢？原来，这是地球自转在作怪。

地球是不停地自西向东旋转的，一天自转一周。对于某一个固定不动的地点来说，它对准太阳自转一周的时间是不变的。例如北京，如果今天中午 12 点太阳经过头顶子午线，那么，过 24 小时，到明天中午 12 点，太阳再次来到这个位置，这就是一天。对于一艘移动的船只，情况就不一样了。像麦哲伦的舰队，它一直向西航行，如果头一天中午 12 点太阳直射头顶子午线，那么等太阳第二天再直射原来的位置时，船已向西走了一段路程，地球必须再转一个角度，才能使太阳重新直射头顶子午线。结果，对这艘船来说，它一天所经历的时间就比 24 小时长。麦哲伦舰队向西绕地球一周，每天的时间延长一点点，日积月累，三年正好凑足了一天。这就是为什么陆地上是 9 月 6 日，船上是 9 月 5 日的缘故。当时人们还不懂得这个道理，所以发生了一场谁也说服不了谁的争论。

如果航船一直向东环绕地球一周，他每天经历的时间则要缩短，不足 24 小时，那么，船上的日子就应该是 9 月 7 日，而不是 9 月 5 日了。

　　对航速很慢的船来说，问题还不突出，对于现代化的快速航船，甚至更快的飞机，就很容易混淆日期。为了解决这个问题，人们协商划了一条"国际日期变更线"，规定凡自东向西过线者，增加一天，即多撕去一页日历；凡自西向东过线者，减少一天，把撕去的日历重新贴上去。这样一来，日期就统一了。按此方法，麦哲伦舰队过线时，多撕一页日历，就变成9月6日了。

　　在世界地图上，我们很容易找到这条"国际日期变更线"，它位于太平洋中大约180度经线上。大部分与这条经线一致。在跨越一个群岛，或经过一个国家的领土时，为了不致使一个国家在一天内使用两个日期，这条线作了某些调整，所以弯曲了。

　　使用"国际日期变更线"后，问题虽然解决了，但是出了一点漏洞。如果一位产妇乘坐自西向东的航船，正好在过"国际日期变更线"前后生出一对双胞胎，毫无疑问，过线前出生者应为哥哥，过线后出生者当为弟弟。然而，按过线的规则，过线后应减去一天，这岂不就成了弟弟的生日比哥哥的提前一天，弟弟反比哥哥早出生，弟弟比哥哥大了么？

　　这的确是一个漏洞。不过，像这样的事，恐怕是千载难逢的，因而也就不必挑剔了。

六、海洋的基本面貌

├─ 辽阔多姿的洋和海

经过几代人的不懈努力，人们终于对海洋有了正确的认识。

在地图上，蓝色的部分代表海洋，它占了整个地球表面积的 71%，即 36200 万平方千米，大约相当于三十七八个我国面积的大小；而陆地的面积只占地球表面积的 29%，即 14850 万平方千米，大约相当于十五六个我国面积的大小。海洋与陆地面积之比为 2.5∶1。如果你站在月亮上看地球，展现在你眼前的将是一个比月亮大 15 倍的"蓝月亮"。

地球上的陆地彼此分开，海水则四通八达，连成一片。这一连续不断的海水，称为"海洋"。

海洋的中心部分叫作"洋"，海洋的边缘部分叫作"海"或"湾"。

洋的面积特别广阔，占海洋总面积的 89%；深度较大，一般在二三千米以上。因为离开陆地比较远，所以洋水的温度比较稳定，所含的盐分受大陆江河的影响也小。洋水的颜色浓蓝，透明度大，运动状况有自己的独立的系统。洋底铺盖着一层海洋生物的尸体和火山灰尘。

谁都知道地球上有四大洋：太平洋、大西洋、印度洋和北冰洋，这是根据海岸轮廓、地形起伏和水文气象特征来划分的。可是，一些国家只承认世界上有三大洋，那就是太平洋、大西洋和印度洋，他们说北冰洋只是大西洋的一部分，叫"北极海"。

有时候，为了研究上的方便，海洋学家们又将南纬50～60度以南，围绕南极大陆的那片汪洋大海称为"南大洋""南冰洋"或"南极洋"。我们国家沿用四大洋的划分，有时也用"南大洋"的名称。

太平洋位于亚洲、澳大利亚、南极洲和南北美洲之间；大西洋位于欧洲、非洲、南极洲与南北美洲之间；印度洋位于亚洲、非洲、南极洲和澳大利亚之间；北冰洋位于亚洲、欧洲和北美洲北岸之间的北极区域。

在巨大浓蓝色大洋的边缘，可以看到镶嵌一条狭窄的黄绿色的边，这就是"海"和"湾"。

"海"和"湾"的面积相对大洋来说小多了，只有海洋总面积的11%；它的深度也比较小，一般小于2000～3000米。海和湾由于离陆地近，所以海水的温度一年四季有明显的变化；水中所含的盐分受大陆的影响很大，一年四季有明显的不同。颜色比较浑浊，呈现黄绿色；透明度也小。海水的运动状态没有太多的独立性，受邻近大洋的影响比较大。堆积在海底的沉积物多半是江河带来的泥沙。

"海"按照它的位置可分为地中海、内海和边缘海。

地中海是位于各大洲中间的海，面积比一般的海要大一些，如亚洲和非洲之间的地中海，面积有 2500 多万平方千米。

内海是位于同一大陆的两部分之间的海，面积比较小。渤海就是我国的内海，面积只有 7 万多平方千米。

边缘海是位于海洋边缘部分的海，只有一些岛屿同大洋相隔，所以海水可以和大洋自由相通。我国东部的东海就是边缘海。

有些"海"伸入大陆，并且它的深度逐渐减小，这样的水域叫作"湾"。人们常常将"海"与"湾"混在一起，所以它们实际上没有什么区别。不过"湾"中的海水性质一般与其相邻的洋或海的海水性质近似。

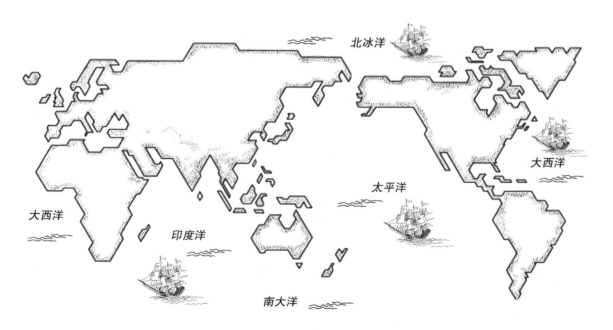

"海"和"湾"颜色不像大洋那样呈现单一的浓蓝色，它们也不仅仅是黄绿色，而是五颜六色，十分好看。你想象得出来吗？

你看，在众多的海和湾中，有一个叫作"红海"的海，它位于印度洋西北部，亚、非大陆之间，长条形状。难道它真是红的？是的，因为它的一部分水域，海水微微发红，所以人们就叫它红海。为什么海水会发红呢？这是因为被一种红褐色的海藻大量繁殖"染"红了的。在太平洋的东北部，有个叫加利福尼亚湾的海域，它的南部有血红色的海藻群栖，北部有科罗拉多河在雨季时带来的大量红土，海水一片红褐色，被人们称为朱海。

黄海是我国大陆东边的一个海，因为海水微微发黄，所以就给它取了"黄海"这个名字。为什么海水会发黄呢？因为这里过去是黄河入海口，黄河夹带的大量泥沙流入海中，把蓝色的海水"染"黄了。虽然现在黄河改向渤海倾泻，但它的泥沙仍旧可以流到黄海来。

北冰洋边缘的白海终年冰天雪地，一片白茫茫，才赢得了这个洁白的称号。

那么，黑海是黑的吗？不错，黑海是黑的。那里的海水流动缓慢，深层缺乏氧气，上层海水中生物分泌的秽物和死亡后的尸体沉至深处腐烂发臭，大量的污泥浊水，使海洋变黑了。加上这一带经常天气阴霾，看上去就更加感到黑了。

海洋中主要的海和湾有 59 个，内海（如我国的渤海）

和大海里的小海（如地中海里的 7 个小海）还没有算进去，要不然，海和湾的数目就更多了。但面积超过 100 万平方千米比较大的海和湾也不多，只有 15 个，其中属于太平洋的有 5 个，它们是南海（也叫南中国海）、白令海、鄂霍次克海、珊瑚海和加利福尼亚湾。

万岛世界太平洋

在四大洋中，太平洋面积 1.79 亿平方千米，占四大洋面积总和的一半，地球上全部陆地面积加在一起还没有它大。它不仅面积最大，体积和深度也最大。同时，它的岛屿、海沟、火山、地震和周边的海和湾也最多。它的岛屿不计其数；海沟 19 条，占全球海沟总数的 3/4；活火山 360 多座，占全球总数的 85%；地震占全球总数的 80%；周边有 21 个主要的海和湾。太平洋还是最温暖（年平均表面水温为 19.1 摄氏度）和沿岸人口最多的大洋。可以说，太平洋是一个"十最"大洋。我们伟大的祖国就位于太平洋的西北部。

为什么叫"太平洋"呢？难道它真的很太平吗？

原来，葡萄牙航海家麦哲伦作环球航行时，他从大西洋一直向南航行，1520 年 11 月 28 日，绕过南美洲南端进入另一个辽阔的大洋。之后，他向西北方向行进，越过赤道，转向西行。说也奇怪，三个多月的航行，竟然没有遇到一次大风大浪，比前段时期他在大西洋航行经常遇到大风大浪相比，这里的海面平静多了。于是，麦哲伦感叹地说，这真是一个太平之洋呵！从此，"太平洋"的名字便流传开来了，并且一直沿用到现在。

那么，太平洋真的很太平吗？

这实在是一个误会。其实，太平洋的风浪并不小，只不过麦哲伦碰巧在南半球的夏季进入太平洋，赶上天气较为平静的季节了吧。

太平洋最引人注目的特点是有很多的岛屿，岛屿面积440多万平方千米，约占世界海岛总面积的45％。在它的西南部及赤道南北的浩瀚海域里，有许许多多的岛屿，散布在蔚蓝色的海面上，把空旷的太平洋点缀得分外秀丽，所以有"万岛世界"之称。这许许多多的岛屿分布虽然没有多少规律，但仍然可以看出西部、中部和东部有三大群弧形的样子，人们分别将它们称为美拉尼西亚、密克罗尼西亚和波利尼西亚。

美拉尼西亚位于太平洋西部，赤道与南回归线之间，陆地面积155000平方千米，西起伊里安岛，东至斐济群岛，西北——东南延伸约4500千米。巴布亚新几内亚、所罗门群岛、斐济、新喀里多尼亚岛、新赫布里底群岛等是它最重要的成员。美拉尼西亚的意思是"黑人群岛"，大概是这里的土著居民皮肤黝黑的缘故吧。

密克罗尼西亚位于太平洋中部地区，在南纬4度至北纬22度、东经130度至180度之间，绝大部分在赤道以北，它的意思是"微型群岛"。它由2100多个微小的岛屿组成，陆地总面积只有3450平方千米。最重要的岛屿有马里亚纳群岛、加罗林群岛、马绍尔群岛、瑙鲁、吉尔贝特群岛。

波利尼西亚位于太平洋东部，南北纬30度之间。北起夏威夷群岛，南至新西兰；西起图瓦卢，东抵复活节岛，最主要的有夏威夷群岛、中途岛、威克岛、莱恩群岛、萨摩亚群岛、汤加、库克群岛等。因为它的群岛数目最多，所以人们就用波利尼西亚来称呼它，意思是"多岛群岛"。它的总面积约 27000 平方千米。

这许许多多的岛屿，虽然相隔成千上万里，但岛屿上土著居民的语言、习俗和文化却很少有根本的差别。由于地处热带海洋、气候湿热，大多数土著居民，无论男女老幼，上身都是一丝不挂，脚上不穿鞋袜，男人下身缠绕一块布条，女人下身则围上一具草裙。他们吃的东西主要是野生植物，如各种不同的芋头和薯类，另外，还有面包果、椰子、菠萝、香蕉、芒果、槟榔等。

人们不禁要问，为什么相隔如此遥远，如此分散的岛屿，居民的语言、文化和习俗都差不多呢？是从遥远的古代起，岛民们就乘着小舟彼此来往造成的，还是这些岛屿之间，本来就有道路相连，而现在这些道路已沉入海底了呢？

有人认为，在广阔的太平洋里，曾经有一块巨大的陆地，叫作太平洲。洲上住着很多人，他们在一起生活、劳动、交往，一代代繁衍，自然而然就形成了许多相似的特征，有了共同的语言和文化，当然，生活习俗也是一致的。后来，大陆沉没了，少数一些地方没有沉下去，残余在海面上，变成了许多岛屿，零零星星地点缀在太平洋上。原先生活在太平洲上的居民，绝大多数随着大陆的沉没葬身海底，只有少数幸存在岛屿上的人才活了下来。

那么，太平洋里真的存在过太平洲吗？长期以来一直是个谜。

后来，在波利尼西亚的复活节岛上，人们见到了一个奇怪的现象，在这个小岛的海滨，竟然耸立着500多尊巨大的石像。这些石像造型大体一致：高高的鼻梁，深陷的眼睛，狭窄的额头，长长的耳朵。它们撇着嘴，昂着头，面对着波涛汹涌的海洋，既显示一副凛然不可侵犯的威严神态，又好像对着苍茫的大海，怀着无限的期望。

人们不禁要问，在这个连树木也不生长、人烟稀少的小岛上，怎么会出现如此令人神往的奇迹？那些高4～8米，有些甚至高10米、重50吨，另加一顶重10吨峨冠的巨大石像，是何时由何人建造的？他们为什么要建造？是不是过去那个太平洲上的居民留下来的？

除了石像，人们还在岛上发现了20几块木板，木板上刻着一些字，可这些字谁也不认识，岛民们称为"会说话的木板"。那么，这些会说话的木板上面是不是记录着太平洲的事呢？

尽管有许多人在研究，但没有什么结果。

1996年，俄罗斯历史学博士伊琳娜·费多罗娃写了一本小册子，说她经过30多年的研究，揭开了复活节岛"会说话的木板"之谜。她说，这些"会说话的木板"实际上是一种字形画。其中有一块木板上是这么说的："收甘薯，拿薯堆，拿甘薯。甘薯首领砍白甘薯、红甘薯薯块。首领收……"

看来，木板只是记录收甘薯的情况，与太平洲没有什么关系。可见，要解开太平洋里的谜还不是那么容易。

├── 大西国与大西洋

大西洋面积 9300 多万平方千米，排行第二，大约相当于我国面积的 10 倍不到。它是一个 S 形状的大洋，两岸弯曲得差不多完全一样，如果把东、西两岸合在一起，几乎不留什么空隙。

大西洋周围主要的海和湾有 14 个，著名的墨西哥湾、北海、地中海和黑海都是大西洋的附属海和湾。

别看大西洋现在碧波万顷，一望无际，可在几亿年前，它还没有出生呢！只是后来由于地球内部的运动，才使地壳渐渐张裂开来，迎进海水，使它变成了现在这个模样。大西洋的岛屿比太平洋少得多，总面积只有九十几万平方千米，不及太平洋的 1/4。大西洋的表面平均温度为 16.9 摄氏度，比太平洋低得多。

虽然大西洋现在的岛屿没有太平洋那么多，但相传在距今 1 万年前后，却有一个巨大的大西国存在过，但是现在消失了，无影无踪。

两千多年前，希腊一位大哲学家柏拉图说，在距直布罗陀海峡不远的海洋里，有一个繁荣而强大的大西帝国，面积比亚洲还要大。国王的名字叫大西，所以人们就把这个岛国叫作"大西国"，把大西国周围的汪洋大海叫作"大西洋"。

大西国的国王依仗着强大的军事力量，常常率兵对邻岛进行侵略。就在他把侵略的火焰向希腊燃烧时，发生了突如其来的强烈地震和洪水，在一天一夜的时间里，所有的军事力量全部毁灭，繁荣强大的大西国也急速地沉没在海中，荡然无存。

柏拉图讲述的这个大西洋里的国家真的存在过吗？千百年来，人们一直怀着极大的兴趣在寻找。

1968 年夏季，在大西洋巴哈马群岛中的一个岛的沿岸，在水深 4.5～7 米的海底，发现了巨大的宫殿圆柱，还有由大理石铺成的道路。这是不是大西国王宫的遗址呢？

20 世纪 70 年代初，一群科学研究人员来到了大西洋的亚速尔群岛附近。他们从 800 米深的海底里取出了岩心，经过科学鉴定，这个地方在 12000 年前，确实是一片陆地。用现代科学技术推导出来的结论，竟然同柏拉图的描述如此惊人的一致！这里是不是大西国沉没的地方呢？

1974 年，苏联的一艘海洋考察船在大西洋下拍摄了 8 张照片——共同构成了一座宏大的古代人工建筑！这是不是大西国人建造的呢？

1979 年，美国和法国的一些科学家使用十分先进的仪器，在百慕大"魔鬼三角"海底发现了金字塔！塔底边长约 300 米，高约 200 米，塔尖离洋面仅 100 米，比埃及的金字塔大得多。塔下部有两个巨大的洞穴，海水以惊人的速度从洞底流过。这大金字塔是不是大西国人修筑的呢？大西国军队曾征服过埃及，是不是大西国人将金字塔文明带到了埃及？美洲也有金字塔，是来源于埃及，还是来源于大西国？

1985 年，两位挪威水手在百慕大海区之下发现了一座古城。在他们拍摄的照片上，有平原、纵横的大路和街道、圆顶房屋、角斗场、寺院、河床……他们说："绝对不要怀疑，我们发现的是大西洲！和柏拉图描绘的一模一样！"这是真的吗？遗憾的是，百慕大的"海底金字塔"是用仪器在海面上探测到的，迄今还没有一位科学家能确证它究竟是不是一座真正的人工建筑物，因为它也可能就是一座角锥状的水下山峰。苏联人拍下来的海底古建筑遗址照片，目前也没有人可以证实它就是大西国的遗址。

后来，又有人从马尾藻海这个角度来研究大西国。

在北大西洋西部，有一个很特殊的海，叫作"马尾藻海"。为什么特殊？因为它没有海岸，四周仍然是一望无际的海水，可以说是一个洋中之海。它的海面长满密密麻麻的马尾藻，这马尾藻，长几十米甚至上百米，其间生活着好几十种奇特的鱼类和其他动物，构成一个奇妙的水中世界。

人们不禁要问：为什么在远离大陆的大洋中，竟会出现一个长满马尾藻的海域？这些马尾藻又是从哪儿来的呢？

有学者说，这一带原是一块与欧洲大陆和非洲大陆相连的陆地，就是柏拉图所说的大西国的地方，东边则是现在的加那利群岛。后来，陆地下沉了，大部分陆地上的生物灭绝了，少数能适应海中生活的保存了下来，并且发生了变异，构成了今天马尾藻海特殊的生物群落。

　　虽然寻找大西国的努力一直没有停止过，遗憾的是，至今还没有任何一个考古学家宣布说，他已经在大西洋底发现了大西国的遗物。所以直到今天，大西国依然是一个千古之谜。

├ 明珠无数印度洋

　　印度洋大部分位于南半球，面积7491万平方千米，约有8个中国这么大，位居第三。印度洋周边主要的海和湾有9个，波斯湾、红海、阿拉伯海、孟加拉湾都是含有丰富石油的重要海区。

　　印度洋浩瀚的水域和它周围的许多海和湾，都曾留下郑和船队的航迹，如今这些海域仍然在航行上发挥着重要的作用。孟加拉湾和阿拉伯海像两扇通往亚洲的大门，红海和波斯湾犹如两条插入中东的小道。阿曼湾把阿拉伯海和波斯湾牢牢锁住，亚丁湾则是出入红海的咽喉。

　　印度洋的岛屿虽然没有太平洋和大西洋多，但许多岛屿确是岛屿中的佼佼者，人们常常把这些岛屿称为印度洋上的明珠。

　　斯里兰卡是印度洋东北部的一个岛国，是印度洋上最大的一颗明珠。在僧伽罗文中，"斯里兰卡"的意思是光明与富饶的土地。它的风光秀丽、物产丰饶、历史悠久。从欧洲、非洲到亚洲和大洋洲，都要经过这里，地位非常重要。斯里兰卡的茶叶、橡胶、宝石和大象世界闻名，民间舞蹈更是婀娜多姿、活泼动人。大象表演是这里很精彩的节目，它们会举起长长的鼻子向观众致意，会吹口琴、跳集体舞，还会表演倒立、叠罗汉，吸引许多游人前来观看。斯里兰卡的宝石十分有名，红宝石、蓝宝石、月亮宝石、猫眼石、黄玉、翡翠等晶莹剔透，美不胜收。尤其是紫翠玉珍奇而稀有，把它放在灯下，原来的绿色会变成紫红色，令人赞叹。这里有一半以上的人都信仰佛教，所以岛上有很多寺院和庙宇。我国航海家郑和七下西洋时，多次到过斯里兰卡，中斯两国人民的交往有着悠久的历史。

桑给巴尔是世界上最香的地方，因为它是一群被青翠的丁香树、椰子树和各种热带花草覆盖的海岛，位于印度洋西部，是名副其实的丁香岛。桑给巴尔有一个面积不到0.2平方千米的昌吉小岛，岛上生活着许多陆龟，所以有龟岛之称。这里的乌龟寿命特别长，最老的一只竟然活了200岁。

你知道"海湾新娘"在哪里吗？她就在印度洋北部波斯湾中的一群美丽的小岛——巴林群岛上。它如同一颗颗绿宝石，洒落在波斯湾上。岛上见到的是蓝天、碧海、绿树、沙滩和阳光，还有可口的美食，宽阔的马路，婆娑的树影。因为她太美了，所以人们叫它"新娘"。20世纪初期，这里以产珍珠闻名于世，20世纪30年代以后，发现了丰富的石油，于是，采珍珠就变成了采石油，使这个岛国的经济得到很大的发展。现在，它已经跻身于世界富国行列了。

在童话里，我们有时会见到矮人国的描写，可那是童话，没有人会相信那是真的。不过，在印度洋北部孟加拉湾内的安达曼群岛上，的确有一个矮人国。这里的人平均身高只有 1.2 米，男人稍高一点，一般也不过 1.5 米，是世界上最矮人种之一。不管男人还是女人，几乎都不穿衣服。一位探险家写了一本描写岛上土著民族的书，说他们的皮肤黑得像煤炭一样，长得像狗头，所以也叫"狗头民族"。

印度洋东北部的尼科巴群岛，是孟加拉湾的一组重要岛屿。虽然世界已进入 21 世纪，但这里的岛民常用的交通工具仍然是原始的独木舟。岛上的年轻人很喜欢体育运动，尤其喜爱斗野猪比赛。他们赤手空拳与野猪周旋，谁要是把野猪打倒，并把野猪的耳朵抓住，就算斗赢了，观众就会为他欢呼。不过这种运动有很大的危险性，搏击手常常会因为抓不住野猪的耳朵而被撞倒甚至受伤。

我国唐朝就有可乘六七百人的大船到过印度洋西部的马达加斯加，这是一个隔着莫桑比克海峡与非洲大陆相望，面积近 60 万平方千米的大岛，世界第四大岛，约比我国台湾岛大 16 倍，有印度洋中的"小大陆"之称。这里养了许多驼峰牛，这种牛善走，耐渴，力气很大，是农民耕种的主要牲畜。它的背上长着个凸起的肉峰，又肥又大，所以农民用绳子套住它来拉犁，很是方便。驼峰牛的肉可以吃，皮可以制革，所以驼峰牛肉和驼峰牛皮是主要出口产品。正因为这样，驼峰牛在马达加斯加有特殊的地位。谁养的驼峰牛多，谁的社会地位就高。在公路上，汽车要给驼峰牛让路。驼峰牛还是小伙子娶媳妇的最好的见面礼。在有些地方，斗牛是小姑娘选择对象的一种方式。这里的旅人蕉长得像巨大的扇子，空心枝干里面含有很多水，在上面穿个孔就能取水，游人渴了喝上几口，又解渴又清凉，人们叫它"天然茶水站"。这里还有一种波巴布树，又粗又大，猴子最喜欢吃它的果实，所以又叫"猴面包树"。这种树的木质像海绵一样，里面有很多水，好像一个不会干枯的蓄水池，能给干渴的旅游者提供"救命"水，所以人们把它比作"生命树"。

在印度洋西部、马达加斯加东面的海洋中，有一把打开印度洋大门的"钥匙"，它就是毛里求斯。因为它是通向印度洋的交通要道，所以人们把它比作钥匙。毛里求斯主要种植甘蔗，一望无际的甘蔗地占了已开垦土地面积的93％。青翠碧绿的甘蔗林，散发出阵阵糖香，于是人们就叫它"甜岛"。

印度洋不仅有甜岛，更有"爱情之岛"，这就是马达加斯加东北的塞舌尔群岛。相传这里是亚当和夏娃住过的地方，人们就称它为"伊甸乐园"，或是"爱情之岛"。塞舌尔群岛最著名的植物是奇特的海椰树，它们雌雄异株，雄树总是与雌树并排生长。雄树高耸挺拔，最高可长到30米，一般比雌树高6米。雄树日夜守卫在果实累累的雌树旁，永不分离，所以人们把它们的果实叫作"爱情之果"。它们不仅"爱情"牢固，寿命也特别长，能活1000多年。

海椰果的肉是上等的补药；果壳坚硬，可雕刻成精美的工艺美术品。海椰叶大而硬，长达 6 米多，可制席、编篮、织帽，也可做建筑材料。海椰果非常珍贵，塞舌尔每年只能生产 3000 个，只有有钱有势的人才能享有。

塞舌尔群岛中有一个"蛋岛"，因有大批海燕的蛋而闻名。还有一个马埃岛，有世界上一流的天然海滨浴场。平缓的海滩，温暖清澈的海水，洁白而细腻的沙滩，是水浴、风浴、日浴、沙浴的理想场所，吸引着成千上万的游客。

印度洋的花环群岛，是旅游胜地马尔代夫。这是一群珊瑚小岛，坐落在斯里兰卡西南 800 多千米的海面上，由 19 组珊瑚环礁、1200 多个珊瑚岛组成。珊瑚岛是珊瑚虫死亡后的遗骸堆积起来的岛屿。如果岛屿沉入海中，珊瑚礁便单独成为一个圆环留在海面，这就是"环礁"。环礁礁体洁白，在阳光照耀下闪闪发光。加上四周浓蓝的海水，岛上翠绿的树木，这景色就像一串串色彩缤纷的花环，镶着鲜艳的翡翠，嵌着闪光的宝石，真是美不胜收。随郑和下西洋的马欢，在他的著作《瀛涯胜览》中就曾对这里的风物作过记载，当时这里叫作"溜洋国"。

冰雪茫茫北冰洋

在北极，有一个终日冰雪茫茫的大洋，叫作北冰洋。

北冰洋是面积最小的大洋，面积 1300 多万平方千米，只占海洋总面积的 3.6%；是深度最浅的大洋，平均深度只有 1200 多米；也是最冷的一个大洋，表面水温大多在摄氏零下 1.7 度左右，所以终年冰雪不化。

它大致以北极为中心，介于亚洲、欧洲和北美洲之间，大部分为陆地所环抱，有白令海峡与太平洋相通，有冰岛附近的水下海岭与大西洋相接。它周围有 9 个主要的海和湾，如巴伦支海、白海、格陵兰海和挪威海等。

2007 年 8 月 2 日，俄罗斯潜艇在北冰洋 4300 米深的洋底，插了一面高一米、用钛合金做的、能保存一百年的国旗，向世界宣布对北冰洋拥有主权的决心。但是这事引起了许多国家的不满，并纷纷对北冰洋提出了拥有主权的要求。其实，北冰洋和其他三个大洋一样，是属于全世界的共同财富，不是某个国家的专有财产。

说北冰洋是冰天雪地的大洋，一点也不过分，因为冬季浮冰面积达到 1000 多万平方千米，夏季虽然浮冰融化了一部分，仍有 2/3 的洋面为冰雪所覆盖。正因为如此，探险家皮尔里不是乘船，而是乘雪橇第一个到达北极极点的。

北冰洋的冰，不仅多，而且厚，一般在 2～4 米，不要说探险家的狗拉雪橇，就是汽车也可以在上面通行，甚至飞机也能在上面降落。越是接近极地，气候越冷，冰也越厚。在极点附近，冰层竟可厚达 30 多米！

北冰洋的岛屿很多，仅次于太平洋，总面积达 400 万平方千米。主要岛屿有格陵兰岛、斯匹次卑尔根群岛、维多利亚岛等。

格陵兰岛是冰山的制造工厂，它制造出来的冰山，曾挡住了许多北极探险家前进的航路，把他们吓退了。

北冰洋的地位很重要。飞机从北冰洋航线飞过，亚洲、欧洲和北美洲的距离就大大缩短，如从纽约到莫斯科，飞经北冰洋要比横渡大西洋缩短 1100 多千米。北冰洋的海运航线也大大缩短了东西方之间的航路。探险家为了开辟北冰洋的航线，做出了许多重大的努力，但大多以失败而告终。英国探险家戴维斯在戴维斯海峡被迫返航；英国探险家巴芬在戴维斯海峡以北的巴芬湾也被迫返航；荷兰探险家巴伦支航行得远一些，到了北冰洋的巴伦支海，仍然没有打通北冰洋的航路。

虽然这些探险家都未能成功，他们也算是幸运的，没有葬身鱼腹，活着回来了，他们在人类认识北冰洋的历程中立下了汗马功劳。可英国极地探险家富兰克林就没有这么幸运了。他率领一支 134 人的庞大考察团赴北极考察时，就因为陷入茫茫冰海，饥寒交迫，最后全军覆没，景况十分凄惨。

有一段生动的描写，记述了这些探险家的悲惨遭遇：

"第二个星期快完的时候，粮食已经吃完了。星期五的夜间，有两个水手，由于寒冷和饥饿死去了。天一亮，富兰克林还是和往常一样，叫大家起身，继续前进。走到星期一这天，他们发现了一所小房子，那是用海水冲上来的树干搭成的。人人都振作起来了。小屋子里或许有人住着呢！再走几步，也许就找到温暖的住处和食物了。于是大家鼓起劲儿，跑了起来。到小屋前，门是敞开着的，窗子也破了。夏天，这里面可能有人住过。从种种迹象看出，他们已经在很久以前上南方去了。屋子里既没有吃的，也没有能烧的，只有一架白熊的骨骼，倒在墙边。骨头上还有一点干在上面的肉。人们一看见，就贪婪地扑上去。富兰克林劝阻大家，吩咐把肉刮下来，大家分食。

"落难的旅行者在小屋里过了一夜，起来后又往前走。第二天快到黄昏的时候，一点吃的东西都没有了。每休息一次，都有几个人不声不响地死去……"

134 个探险队员，就这样先后都长眠在冰雪之乡。在之后 30 年内，英国人曾装备 40 多个考察团去寻找他们，同时也去寻找那条最短的北极航路，都始终未能如愿。

挪威极地探险家阿蒙森反复读过这些故事，但没有被吓倒。相反，他要继承前辈的未竟事业，去开辟北冰洋的西北航路。他邀了 6 个志同道合的年轻人，向亲戚和几个商人借了一些钱，买了一条只有 47 吨的旧船"约阿"号，配上探险家南森等人送的一批仪器，整装待发，要去实现自己的理想。

可是，就在即将起航的时候，一件意外的事情发生了。

有人散布流言蜚语，说阿蒙森这样一个无名小卒，想驾驶一条只有 47 吨的旧船，去北极探险，开辟西北航路，简直是异想天开。多少探险队的大船，都免不了全军覆没，阿蒙森难道会交上什么好运？这条航路，400 多年来，许多经验丰富的探险家都未能找到，阿蒙森就能找到？还污蔑说，阿蒙森这个穷小子，借了那么多钱，明明是不想还了。他一去几年，谁知道呢！要是回不来，谁也不会替他还债。

卑鄙的造谣中伤居然产生了效果，竟有人来逼债了。

一个商人跑来对阿蒙森说："你要是不把现款还给我，就查封你的船。"

对阿蒙森来说，这真是晴天霹雳。他焦急得不得了，饭也吃不下，觉也睡不着，很快就消瘦下去。尽管他再三解释，说他的探险一定会成功，很快就会把钱还上，可是，谁也不相信他。他一点办法也没有。

有一个债主逼得他最厉害，给他下了最后通牒："再过24 小时，你要是还不把现款还给我，我就去找警察，把你当骗子抓起来。"

眼看费尽心血、历尽艰难准备起来的一次极地探险将要成为泡影，阿蒙森痛苦极了。他左思右想，实在没有办法。最后，他只得把伙伴召集起来，直截了当地对大家说：

"形势很严峻，我们要么今天就离开，要么眼睁睁地看着我们的船明天被查封。三十六计，走为上计！立刻开船，大家赞成不赞成？"

"赞成！赞成！"大家异口同声地回答。

"那么，我们今天半夜就起航。对谁也不能走漏消息。"

1903 年 6 月 16 日半夜，"约阿"号悄悄地解开了缆索，急速地向无边无际的大海驶去。除了几个家里人和最亲近的朋友来送行以外，谁也不知道他们的离开。

当半夜稀疏的灯光渐渐在眼前消失的时候，紧张而焦急的阿蒙森突然变得轻松愉快了。什么伤脑筋的事都没有了，所有恼人的债主都不见影儿了。他在日记里写道："船上只有 7 个愉快而幸福的人，抱着光明的希望和坚定的信心，迎着我们的未来驶去。世界在我们眼里，很久都是一团漆黑的，现在它忽然气象万千，引人入胜地展现在我面前了。"

阿蒙森一行的探险活动终于开始了。经过三年多的艰难历险，他们从大西洋出发，经过冰雪茫茫的北冰洋，穿过白令海峡，来到了另一个大洋——太平洋。打通北冰洋西北航线的理想实现了。三年多的惊险与艰苦，换来了辉煌的胜利，实现了探险家几百年来都未达到的愿望。

穿过白令海峡后，"约阿"号在太平洋东北岸的诺姆城靠岸，受到当地隆重而热烈的欢迎。当人们唱起挪威国歌时，阿蒙森激动得流下了热泪。

接着，"约阿"号开到了旧金山。阿蒙森把这艘光荣的考察船，赠给旧金山市，陈列在金门公园，供人参观。

考察队在三年多的时间里所收集的大量科学资料，挪威科学工作者花了将近三十年的工夫才整理完毕。这些资料，对人类了解北冰洋、探索地球的演化，做出了重大的贡献。

天然与人造海峡

每天，当我们打开电视机收看天气预报节目时，常能听到渤海海峡、台湾海峡、琼州海峡等地名，这些地名是什么意思呢？

海峡，其实也同海和湾一样，是海洋的一部分，只不过它专指相邻海域之间的一个狭窄的通道。如渤海海峡是渤海与黄海之间的通道；台湾海峡沟通东海和南海；琼州海峡位于雷州半岛与海南岛之间。

海峡的主要特点是水流湍急，各种特性在水平和垂直方向都有较大的差异；海底多半是岩石或沙砾，因为水流急，细小的沉积物停留不住，所以沉积物较少。

海峡是航运的重要通道，如连接渤海与黄海的渤海海峡，是进入我国北方港口的重要海上航道；马六甲海峡宽30千米，是太平洋与印度洋间的重要航道，每年有三四万艘轮船通过；宽度只有14千米的直布罗陀海峡，是地中海的咽喉——地中海沿岸国家与美洲国家通航的必经之地。沟通太平洋与北冰洋的白令海峡和英国与法国之间的英吉利海峡等都是著名的海峡。

为了进一步沟通各个大洋，人们开凿了两条人造海峡——苏伊士运河和巴拿马运河，把相隔遥远的海洋用近道连接起来，给航行带来极大的便利。

过去，从西欧到印度洋的船只，要兜个大圈子，即先在大西洋上一直向南航行，绕过非洲南端的好望角后，才能进入印度洋。人们想，红海的北端距地中海只有161千米，如果在这里凿一条运河，大西洋就能通过地中海和红海与印度洋连接起来。如果真能这样，那么，与绕道非洲好望角相比，从欧洲大西洋沿岸各国到印度洋的航程就能缩短 5500～8000 千米；从地中海各国到印度洋缩短 8000～10000 千米；而对黑海沿岸来说，则缩短了 12000 千米。

这真是一个大胆而奇妙的设想。于是，从 1859 年起开始挖掘，整整挖了 10 年，1869 年终于挖通了，海峡取名叫作"苏伊士运河"。从此，这条人造海峡给航行带来极大的便利。苏伊士运河总长 173 千米，河面宽 60 米，深 8 米，可通行吃水 7.5 米的船只。头一年，就有 486 艘船通过这条人造海峡。

本来，这条人造海峡完全是建造在埃及领土上，但它开通后，英国和法国却垄断了 96％的股份，获得了巨额的利润。

长期以来，英、法等国霸占了运河的管理权，1956 年，埃及宣布将运河收为国有；为此，英国、法国和以色列三国发动侵埃战争，但以失败告终。1967 年 6 月，以色列再次发动侵略战争，致使运河无法通航。直到 20 世纪 70 年代，关闭 8 年之久的运河，才在 1975 年 6 月 5 日得以重新开放。

1976 年 1 月，埃及政府开始着手进行运河的扩建工程。第一阶段工程 1980 年完成，通航船只吃水深度增加到 17.9 米，可通行 15 万吨满载的货轮。第二阶段工程于 1983 年完成，通航船只的吃水深度增至 21.98 米，能使载重量 25 万吨的货轮通过。1996 年，运河又一次加宽加深，目前宽度已达 300 米，深 22.5 米。

　　苏伊士运河是一条重要的国际海运航道，每年承担全世界 14% 的海运任务。2001 年，有 13986 艘船通过，到了 2006 年，增加到 18664 艘。

　　在南北美洲之间，也有一条人造海峡——巴拿马运河，它位于美洲大陆中部，横穿巴拿马地峡，是一条沟通太平洋和大西洋的船闸式运河。运河全长 81.3 千米，最窄处为 152 米，最宽处为 304 米。1914 年 8 月 14 日正式通航。运河的开通，使美洲东西海岸航程缩短了一万四五千千米，亚洲到欧洲之间的航程缩短八九千千米。巴拿马运河极大地促进了世界海运业的发展。目前，巴拿马运河每年承担全世界 5% 的贸易货运，每年有 14000 多艘船只从这里通过。因此，巴拿马运河素有"世界桥梁"的美誉。但对巴拿马来说，运河的开凿通航却使自己丧失了主权和领土的完整。美国把运河区变成名副其实的"殖民飞地"，在运河区任命总督，施行美国法律，并设立"美国南方司令部"，驻有上万名美军，使运河区成为"国中之国"。

　　为了废除不平等的"美巴条约"和收回运河区的主权，巴拿马人民进行了几十年不屈不挠的斗争。1977 年 9 月，美国被迫与巴拿马签订新的《巴拿马运河条约》和《关于巴拿马运河永久中立和经营的条约》。根据条约，1999 年 12 月 31 日起，巴拿马将全部收回运河的管理和防务权，美军将全部撤出。巴拿马接管运河后采取了一系列的先进技术和管理办法，运河的运营效率大大提高。但随着全球经济的发展，世界贸易活动以及货运量的大幅增加，越来越多的超大型船只投入运营，巴拿马运河现有通航条件已不能适应发展的需要。目前，巴拿马运河船闸的宽度和长度分别只有 33.5 米和 305 米，允许通过船只的最大级别是巴拿马限制级，而那些超大型的船只因体积过大而无法通过巴拿马运河船闸。为使运河在未来的世界贸易活动中继续保持竞争力，巴拿马政府于 2006 年 4 月 24 日正式提出了总投资为 52.5 亿美元的运河扩建计划。根据扩建计划，巴拿马将在运河的两端各修建一个三级提升的船闸和配套设施。新建船闸的宽度为 55 米，长度为 427 米，可以让超巴拿马级船只通过。运河扩建后，每年将有 17000 多艘船只从这里通过，运河的货物年通过量也将从现在的 3 亿吨增加到 6 亿吨。

2007 年 9 月 3 日，巴拿马运河扩建工程正式开工。根据计划，整个扩建工程将于 2014 年巴拿马运河建成 100 周年时竣工。到时候，东西方的海上交通将更加方便。

石油宝库话渤海

我们伟大的社会主义祖国，幅员广大，位于太平洋的西北部。有山脉河川，肥田沃土，还有 18000 多千米的大陆海岸线，如果把沿岸 5000 多个大大小小的岛屿岸线也算进去，海岸线就更长了。我国沿岸分布着渤海、黄海、东海和南海，这些海区气候温和，水温适宜，资源丰富，岛屿星罗棋布，沿岸良港纵横，对我国社会主义建设和改革开放有重要的意义。

渤海是我国的内海，它像一个斜放着的葫芦，头枕东北平原，紧临华北平原：辽宁在它的东北方，河北在它的西北面，山东是它的南邻，庙岛群岛像一串长长的链条，搁在它的东面。所以，它被陆地所环抱，基本上是一个封闭状态的海湾。它的海岸线长达 2500 千米，面积 7.7 万平方千米。海洋资源非常丰富，还有许多优良的港口。

渤海已探明的石油资源量近 47 亿吨；天然气资源约为1.2 亿立方米。目前渤海沿岸已有三大油田，是我国第一个海上油气开发区。1980 年以来，我国与日本合作打了许多勘探井，都打出了油和气，而且产量很高。很快，渤海就正式开始了油气生产。现在，渤海油气开发建设已步入高潮。2001 年，渤海的石油产量为 600 万吨，2005 年增加到 2100 万吨。

2007 年 5 月 3 日，又传来好消息。中国石油天然气集团公司宣布，在渤海湾地区发现了储量规模达 10 亿吨的巨型大油田——冀东南堡油田。

2010 年，渤海石油产量更达 3000 万吨，相当我国2010 年整个海洋石油产量 5178 万吨的 59％。

可见，渤海是我国海洋石油的一个大宝库。

渤海有许多优良的港口，在我国航运事业中发挥重要的作用。全国 5000 万吨以上港口共计 7 个，环渤海地区就占了 4 个。天津港是一个国际性港口，也是全国最大的人工港。拥有泊位 59 个，其中万吨级以上泊位 37 个；集装箱泊位 4 个，可接纳 5 万吨级杂货轮船和第五代集装箱船；大型客运泊位 2 个。天津港现有 30 多条定期班轮航线与 160 多个国家和地区有贸易往来，与各大洲 400 多个港口有联系，天津港为环渤海地区实行海陆联运发展转口贸易提供了理想场所，也是新亚欧大陆桥的理想起点港。

渤海海域的生物资源也很充足。海洋动植物共有 300 余种。其中主要的鱼类就有 100 余种。渤海因其海水中含有大量丰富的营养物质，水质肥沃，饵料丰富，是鱼、虾、蟹、贝等生物产卵和觅食的场所，也是中国的主要渔场，素有"天然鱼池"之称。

渤海海底平坦，平均水深只有 18 米，适宜水产养殖的范围大。沿岸滩涂面积约 1000 万亩，占全国滩涂面积的 1/3，具有发展滩涂养殖的条件。

渤海沿岸一带地势平坦，岸线曲折，适合晒盐的地方很多，盐业十分发达。在中国的四大海盐产区中，有三个是在渤海沿岸。这三大盐区，无论在资源、技术还是开发水平方面都有着显著的优势，在我国盐业生产中占有重要地位。正因为如此，渤海的海盐产量占全国海盐总产量的 70％以上，尤以长芦盐驰名中外。

渤海还有丰富的海洋能资源。主要是潮汐能。辽宁沿海平均潮差 2.57 米，可发电 16.1 亿度；山东沿海平均潮差 2.36 米，可发电 2.92 亿度；河北、天津沿海平均潮差 1.01 米，可发电 0.09 亿度。海洋能是新能源，开发利用前景非常广阔。

另外，渤海海区有丰富多彩的滨海旅游资源。渤海区域夏天不热，冬天不冷；海岸形态多种多样，山海相映，风景优美，再加上发达的经济，使渤海区成为理想的旅游地区。

鱼虾乐园说黄海

从渤海越过渤海海峡就进入黄海。黄海的西面是山东和江苏，北面是辽宁，东岸是朝鲜半岛，是一个半封闭的海区。它的面积为 38 万平方千米，平均深度 44 米，完全是处在大陆架上的浅海。

黄海的生物资源很丰富。每年春天，许多鱼类都从越冬场经黄海西岸北上，带来了渔业上的春汛，形成了黄海的三大渔场。

石岛渔场位于山东石岛东南的黄海中部海域，这里是多种经济鱼虾类洄游的必经之地，同时也是黄海对虾、小黄鱼越冬场之一和鳕鱼的唯一产卵场，渔业资源丰富，是我国北方海区的主要渔场之一。渔场常年可以作业，主要渔期自 10 月至次年 6 月。主要捕捞的鱼类是黄海鲱鱼（青鱼）、对虾、枪乌贼、鲜鲽、鲐鱼、马鲛鱼、鳓鱼、小黄鱼、黄姑鱼、鳕鱼和带鱼等。

大沙渔场位于黄海南部，处在长江冲淡水和海水交汇的海域，浮游生物繁茂，是许多鱼虾过冬和觅食的地方，因而黄海是优良渔场。每年春季（5 月），马鲛鱼、鳓鱼、鲐鱼等到北方去产卵，途中经过这里，就形成了大沙渔场的春汛。夏、秋季（7 月～10 月），大量觅食的带鱼在这里长时间停留，形成了大沙渔场的夏秋汛。黄姑鱼、大小黄鱼、鲳鱼、鳓鱼、鳗鱼等也喜欢到这里来找吃的，形成了又一个渔汛。冬季，小黄鱼和其他许多鱼类仍在此过冬，带来了冬汛。

吕四渔场位于黄海西南部，东连大沙渔场，西邻苏北沿岸。由于其紧靠大陆，大、小河流带来的营养物质丰富；同时又处在沿岸低盐水和外海高盐水的混合区，加上渔场水浅、地形复杂，因而为大、小黄鱼产卵和幼鱼觅食、生长提供了良好的条件，成为黄海、东海最大的大、小黄鱼产卵场。

在南黄海，有一个储藏石油的大盆地。1984 年，中国和英国在南黄海合作打了第一口探井，第一次见到了油，初步显示出良好的含油气远景。

青岛和大连是我国在黄海沿岸的两大港口和美丽的旅游城市。

青岛港是太平洋西北岸重要的国际贸易口岸和海上运输枢纽，与世界上 130 多个国家和地区的 450 个港口有贸易往来。2003 年货运吞吐量 1.4 亿吨，2006 年迅速跃升到 2 亿吨，跻身于世界十大港口之列。青岛还是美丽的海滨城市，红瓦、绿树、碧海、蓝天是这里的迷人景色，每年夏季都会吸引大批的国内外游客前来旅游、度假。

大连港位于黄海的最北端，港阔水深，冬季不冻，万吨货轮畅通无阻。大连由 24 个港口组成、货物总吞吐量近 6000 万吨，是我国最大的港口群，也是我国目前港口密度最高的"黄金海岸"。

大连是中国著名的避暑胜地和旅游热点城市，夏无酷暑，冬无严寒；依山傍海，环境优美；气候宜人，适于居住，是中国首批"优秀旅游城市"，有许多风景奇秀的自然旅游资源。每年一度的大连国际服装节、烟花爆竹迎春会、赏槐会、国际马拉松赛等大型活动，吸引众多国内外游人前来旅游、观光。

├─ 大洋明珠数东海

从黄海向南，一个开阔的边缘海——东海就会呈现在眼前。它的面积 77 万平方千米，平均深度 370 米。

东海色泽绚丽，风光秀美。在它的东南部，蓝黑色的巨大黑潮暖流从太平洋奔腾而入，沿着琉球群岛蜿蜒而上，仿佛给东海缀饰着一条深蓝色的彩带。它的西北部，滚滚长江水从大陆倾泻而来，把浑浊的泥沙水向海中尽情地扩展，又仿佛给东海戴上一顶黄色的桂冠。东海中央区域，两股水流混合于此，因而颜色一片青绿，恰似东海披上一件绿色的外衣。东海福建沿岸，因有大量河水流入，颜色绿中带黄，犹如绿色外衣上的镶边。这缤纷的色彩，把东海打扮得异常艳丽。散布在海面上成百上千的岛屿，曲折的海岸，高耸的悬崖，更把它装点得分外妖娆。

举世瞩目的东海大桥，跨越浩荡东海的杭州湾口北部海域，宛如一条长龙，从上海芦潮港出发，在蓝色的丝绒上蜿蜒至浙江小洋山岛，仿佛给我国东海之滨系上一条亮丽的玉带。它由 393 根墩柱和 360 块箱梁支撑，屹立在时而鸟语微波、时而狂涛怒吼的大海的胸膛上，日夜倾听着狂风的呼啸、大海的轰鸣，向全世界显示中国人的自豪与骄傲。

我国建设的又一座大型跨海大桥——杭州湾跨海大桥，在 2008 年也已横空出世，于当年 5 月 1 日正式通车。

它昂然跨过宽阔的杭州湾，与东边的东海大桥相互眺望，好像一对银燕在海空展翅，又好像我国东海近岸的一对明珠，给我国的海疆画上了浓墨重彩的一笔，奏出了一首蓝色的畅想曲。

东海不仅有外在美，更有内在美。它的三大渔场渔业资源相当丰富，沿岸港口举世闻名，海底资源前景看好。

舟山渔场位于舟山群岛东部，靠近长江、钱塘江的出海口。冷、暖、咸、淡不同水流在此汇合，水质肥沃，饵料丰富，鱼群十分密集，是我国近海最大的渔场，也是世界上少数几个最大的渔场之一。这里鱼种丰富，有带鱼、鲐鱼、鲹鱼、小黄鱼、大黄鱼、鲷、海蟹、海蜇、鲨鱼、海鳗等。

闽东渔场位于东海南部海区。由于有很多溪河注入，营养盐丰富，饵料生物繁茂，成为多种经济鱼虾产卵、索饵和越冬的良好场所。渔业产量占福建省海洋渔业总产量的大部分。主要有大黄鱼、小黄鱼、带鱼、鳓鱼、马鲛鱼、乌贼、银鲳、对虾、梭子蟹、海蜇等。

闽南—台湾浅滩渔场位于台湾海峡南部，有许多不同的水流在这里交汇，形成了得天独厚的自然条件。渔业资源丰富，鱼种繁多，是我国一个重要的渔场。主要有金枪鱼、蓝圆鲹、沙丁鱼、鲱鱼、鲳鱼、鲷类和带鱼等。

如果说东海是太平洋的明珠，那么，上海港就是明珠旁的宝石了。

上海港位于东海的西北岸，是长江三角洲的前缘，居我国18000千米大陆海岸线的中部，扼长江入海口，是东西南北交通的交会点，我国沿海的主要枢纽港。它拥有各类码头泊位 1100 多个，万吨级以上生产泊位 170 多个，码头岸线长近百千米，还有 800 多个内河港区码头。洋山深水港一期工程建成后，运输能力大大提高。2007 年货物吞吐量 5.6 亿吨，2011 年达 6.24 亿吨，居世界第一。2007 年集装箱吞吐量 2615 万吨标准箱，首次超过香港，跃居世界第二；到 2011 年，集装箱吞吐量跃升至 3174 万吨标准箱，连续两年居世界第一。

上海还是一个风景旖旎、景点众多的历史文化名城。繁华的中华第一街——南京路，万国建筑博物馆——外滩，高 468 米的东方明珠电视塔，高 420 米、88 层的金茂大厦和高 494 米、101 层的上海环球国际金融中心，宏伟的浦东国际机场，中共一大会址，陈云故居，孙中山故居，宋庆龄故居，蒋介石故居，城隍庙等，每年都吸引数以百万计的国内外游客前来游览。

东海的石油资源十分丰富，已经发现了许多富含油气的盆地。平湖油气田是我国在东海第一个发现并投入开发经营的油气田，现在每天向上海持续、稳定地供气。春晓油气田 2006 年正式投产，向浙江、上海输送天然气。

那么，东海究竟有多少石油和天然气呢？根据专家们的推算，东海的石油储量为 77 亿吨，可供中国用 80 年。天然气储量更多，有 5 万亿吨，是沙特阿拉伯储量的 8 倍，美国的 1.5 倍。因此，人们把东海叫作"第二个中东"，或是"第二个波斯湾"。

├─ 辽阔富饶观南海

从东海向西南去，越过台湾海峡，就进入晶莹碧透的南海。南海也叫南中国海，它北接我国大陆，东面和南面分别隔着菲律宾群岛和大巽他群岛，与太平洋、印度洋为邻，西临中南半岛与马来半岛，是我国周边最辽阔、最深邃的一个海，面积 330 多万平方千米，平均深度 1212 米，最大深度 5559 米。

南海是一个美丽的海。深蓝色的海面，在阳光照耀下，闪烁着粼粼水光，点缀着万点银星，就像天上的银河挥洒而下。一群群岛礁暗沙，散布在浩渺的海域，犹如一串串珍珠，落入蓝色的玉盘。海鸥展翅翱翔，飞鱼凌空掠水，椰风吹动银浪，蓝天白云漂浮，南海的风光，多么令人神往。

珊瑚岛礁是南海的一大景观。我国在南海的珊瑚岛、暗礁、暗沙很多。根据它们的地理位置不同，可以把它们分为四群，分别称为东沙群岛、西沙群岛、中沙群岛和南沙群岛，总称南海诸岛。南海诸岛是美丽的岛，富饶的岛，白玉般的海滩，在阳光下闪着洁白的光辉，宽阔的礁盘在碧波中时隐时现，给祖国的海疆增添了特殊的美。岛上的热带林木，水中的水产资源，海底的丰富石油，地下的鸟粪，都是宝贵的资源，已经或将要被开发利用。

南海是一个十分开阔的海洋。东北面有台湾海峡与东海相接，东面有巴士等海峡与太平洋贯通，马六甲海峡从西南面把南海和印度洋连接起来。它被中国、越南、菲律宾、马来西亚、印度尼西亚和文莱等国所拥抱，宽阔的海路便利着它们之间的相互交往。

南海还是一个充满友谊的海洋。从唐代起就开辟了海上丝绸之路，把中国和西洋国家联系起来。后来，郑和七下西洋，更是多次在南海和印度洋上航行，把中国人民的友谊传播到四面八方。如今，南海和印度洋沿岸许多地方，都能见到纪念郑和的遗迹。

南海的石油资源前景令人鼓舞。珠江口盆地、莺歌海、北部湾以及南沙群岛周围等海域，都是很有潜力的油气田，已经在这些海域打了不少高产井。据估算，整个南海的石油储藏量为 300 亿吨。

七、奇妙的海底世界

├─ 火眼金睛观海底

海水挡住了视线，长期以来，人们无法得知海底的秘密，以致人类科学事业相当发达的今天，我们对近在身边的海底，却仍然知道得不多。

要探索海底的秘密，第一步是要设法测得海深，这方面的工作，开始得很早。用根绳子系上重锤测深是一种古老而简便的方法，不过这只是在近岸浅海才行，大洋很深，用这个办法就不行了。在公元 1520 年时，麦哲伦曾试着在远海测深，他把仅有的 800 米绳子全部放了出去，重锤还没有触底，便说他已来到世界最深的地方。

事实当然不是这样，麦哲伦未免太不慎重了。

为什么不能用更长的绳子呢？绳子长固然测得更深，但太长了，绳子本身重量就会增加，要感知重锤什么时候触底就很困难了。不知道重锤何时触底，又怎么能测出海水的深浅呢？

自从回声测深仪发明后，人们像长了一双能看透海水的眼睛，以前看不见的海底，现在看得一清二楚了，对海底的了解也比较正确了，从而大大改变了对海底的认识。

回声测深仪是利用声音在海底反射来测量海深的，就像我们在山谷中听到回声一样。你大喊一声，声波被山谷阻挡，反射回来，不久你便听到了回声。因为你的声音会向四面八方传出去，所以你听到的回声就不止一个，而是不断地有许多回声传到你的耳朵里，听上去很杂乱。回声探测仪跟这个道理差不多，不过它是用仪器来发射和接收超声波，人耳是听不到的。超声波可以定向发射，就是说它能射向某个单一的方向，这就避免了使用普通声源带来的误差。超声波发出后，遇海底反射回来，再接收它的讯号，这段时间，超声波自海面到海底走了一个来回，等于海深的两倍。已知超声波在海中平均每秒钟走 1500 米，把它乘上发出和收到的时间间隔，再除以二，海洋的深浅就可以算出来了。现代化的测深仪器，我们只要打开它的开关，海深就立即显示出来。测量 3000 米的海底，只需 4 秒，可以边开船边测量。仪器上还装有自动记录装置，能够自动地把海底的形状连续地记录下来。它绘出的地形图比用绳子测量后人工绘出来的要精确多了。

回声测深仪是名副其实的火眼金睛，是人们探测海底的好帮手。

但是回声测深仪也有不足之处，因为它只能告诉人们测量船航线上的地形起伏，也就是说只是一条线上的情况，而不能对海底进行平面性的测量。20 世纪六七十年代以来，人们又研制出了旁视声呐（也叫旁侧声呐）装置。旁视声呐发射的超声波波束不止一个方向，这样，发射的声波就能构成一个带状，覆盖住海底。随着船只的航行，这个带状海底就变成一个平面海底了。凸起的海底和凹陷的海底所反射的回波信号不同，它们在记录纸上显示的颜色深浅也各异。于是，根据记录图纸，便可获得测量船航线两侧海底平面带内的地貌图像，好像从空中拍摄一幅大地的照片。

当然，利用回声测深仪和旁视声纳只能了解海底的地形，而对于海底的地质结构、沉积物属性等就无能为力了。要了解这方面的情况，还需要用更现代化的浅地层剖面仪和取样器。

有了这些如同火眼金睛的先进的仪器，再经过一番探测和研究，人们对海底的面貌就有了清楚的了解。原来，海底并不像人们想象的那么平坦，那么单调，像一口四周浅、中央深的巨锅那样，它和我们见到的陆地表面一样，有高山，有深沟，当然也有平原和丘陵。基本轮廓大致可分为：大陆架、大陆坡、大陆基、海沟—岛弧以及大洋盆地、洋中脊、海山和其他海底隆起。前四种又合称"大陆边缘"。

┠ 平坦富饶大陆架

如果把海水抽干，我们就会在大陆周围，见到它镶着一条浅浅的边，缓缓地向海中伸延，这个围绕着陆地自然向外延伸的平浅海底，就是"大陆架"。因为它紧邻大陆，是大陆在海中的延伸，所以它的地形和相邻的大陆十分相似。

大陆架的地势很平坦，平均坡度只有0°07′。这样表示你可能不会有什么概念，但如果说这个坡度相当于海底向外伸展1000米，深度仅增加1.5米，你就会感到它有多么平坦了。

不过也不要把大陆架想象得跟桌面一样平。在大陆架的大型地形上，仍有许多小型的起伏。既然这样，为什么还说它是平坦的呢？我们说大陆架是平坦的，是因为它上面的那些小型起伏，和整个广阔的大陆架相比，是微不足道的。这就好像我们从飞机上俯视广阔的田野时，觉得田野是非常平坦的情况一样。事实上，当我们站在田埂上观看时，它就显得并不那么平了。

大陆架上的那些小型的起伏是多姿多彩的，其中有沉溺的河谷、淹没的冰川谷、孤立的深沟和潮流脊等。

大陆架的水深多半在135米之内，不过各地相差悬殊，有的地方只有几十米，有的地方却深达900多米。而它的宽度也很不一样，有些海域很宽，可达1000多千米；有些海域很窄，甚至几乎没有。整个渤海和黄海都是位于大陆架上的浅海；东海也有很宽的大陆架，宽560千米；南海珠江口大陆架宽278千米，都是属于大陆架比较宽广的海域。

全球大陆架的总面积约为 2712 万平方千米，占海洋总面积的 7.5%。比起整个海洋来说它虽然不算大，但它是人类开发利用海洋最为重要的场所。

大陆架有广阔的海滩供人们进行水产养殖和晒盐；有富饶的渔场供人们捕鱼；有丰富的石油和天然气供人们开采；有许多河口和港湾供人们建设港口，发展海运；有取之不尽的海滨砂矿，供人们开采贵重矿产；有大片滩涂，供人们围海造田；还有许多风光秀丽的滩岸，为人们提供游泳、冲浪、休闲、旅游、度假、疗养的好去处。大陆架是人类开发利用海洋的前沿阵地，与人类的生产、生活息息相关。

┝ 粉身碎骨也能活

大陆架是海洋中最生机勃勃的地方。许多大陆架海域，光线能透过浅浅的水层，射达海底，整个海域都充满阳光；滔滔不绝的江河，让大陆丰富的物质倾泻而来，又使海水异常肥沃。这样的环境，对海洋生命的生长十分有利，浮游生物和鱼、虾、蟹、贝等都喜欢在这里生活，各种海藻也愿到这里来安家落户，生物资源丰富多彩。

大陆架海底也是一派生机勃勃的景象。

章鱼躲在石头缝里等待着食物；海蟹在海底悄悄地爬来爬去寻找猎物；长得像五角星一样的海星，伏在海底不动声色，一有动静就突然跃起，用有力的腕撬开贝壳，把胃挤进去，慢慢地消化比自己大好几倍的牺牲者。可是，长得像扇子一样的扇贝，却能事先识破这种阴谋诡计，没等海星下手，早就逃之夭夭了。

身上尽是黑皮疙瘩的海参，平时也爱躲在石头缝里。别看它进攻本领不强，遇到敌害时，却有一套巧妙的"分身术"，把肚肠抛出，转移敌人的视线，趁机逃生。它有很强的再生能力，不到一两个月，又会长出新的内脏。不过，海参的这种再生能力比起海星来还要略逊一筹。若是把海星"五马分尸"，撕成碎片，再抛入海中，每个碎片很快又能长成一个完整的海星。

然而，无论是海参也好，海星也好，它们的再生能力与海绵相比，却又是望尘莫及了。海绵不仅同海星一样，粉身碎骨后每一个碎片都能重新长出一个完整的生命，而且，就是把它捣成肉酱，磨成碎屑，甚至用密筛子筛上几遍，只要把它们合起来，在一定条件下，过不了几天，这些碎片仍然能够重新组成小海绵个体。把海绵誉为动物再生之王，是一点也不过分的。

那么，这无数的海绵肉酱是怎样重新组成新生命的呢？说来简直不可思议。原来，这些肉酱细胞是靠彼此之间的通信联络，找到各自的位置，并按先前的模样重新排列起来恢复原貌的。

海底的比目鱼另有一套绝活。别看它平时只会和蠕虫一样钻入泥中吃细菌，可是，它却会随时改变身体的颜色和图案来适应环境。若躺在淤泥上，它的背部会出现和淤泥一样细密的黑点；来到粗沙的海底，它的背部又现出稀疏的粗点，和海底简直分不出来。有人做过试验，把它放进红底水缸，它变红了；移入白底水缸，哈哈，红鱼又变白了，的确是一个高明的魔术师。有一种鳘鱼，全身长满花丝样的棘刺，待在海底冒充岩石上的海藻，躲避大动物的侵害。它头上高悬的肉疙瘩老远就看得见，谁要是嘴馋想吃它，那么，对不起，还没等靠近，它的大嘴反把对方吸了进去。

珊瑚丛中，许多热带鱼汇集起来，分享珊瑚的食物。它们明亮的保护色，随着珊瑚海景变成红、橙、紫、蓝和绿色，和海百合、海胆、沙巽属动物等融合在一起，构成另一幅美丽的海底图画。

在海岸附近，一些海里的动物常常爬到岸上来。有一种椰子蟹，白天躲在海里，夜晚就爬到树上偷椰子吃。海龟也会上岸。我国西沙群岛就常有海龟上岸产卵，像乒乓球那样大小的卵一次能产一百多个，然后海龟掉几滴眼泪，便迅速爬回大海。为什么掉眼泪？这不是因为悲伤得"哭"了，而是因为眼睛是海龟排泄盐水的一个孔道。还有一种头长吸盘的鱼，它总爱吸附在大鱼身上去周游世界。一些地区的渔民巧妙地利用鱼的这种习性，把它用绳子拴住，放回大海去提海龟。鱼见到大海龟，就立即追上去把它吸住，准备搭乘便"船"去周游世界。谁知身上的绳子没有甩掉，于是就连同海龟一起，成了渔民的猎物。

大陆架海底还生长着许许多多海草，有些海草非常巨

大，犹如海底森林。

├ 似花非花笑藏刀

在大陆架浅海海底的岩石缝隙中，人们常能见到一簇簇五颜六色的"花朵"，形似菊花，比菊花更瑰丽多姿。如果你伸手去触摸，它们会迅速将散乱的细长"花瓣"收抱成一团，同时喷出一股清水。如果你想去采摘，有时却不那么容易哩！因为它们有些长在海底岩石上，有些却生活在寄居蟹的螺壳下。寄居蟹是它们的朋友，常常带领它们四处遨游。

这些海菊花究竟是什么植物呢？其实，它们不是植物，而是海洋里的一种动物，叫作海葵。因为它长得像菊花，所以才获得了"海菊花"的美名。

海葵是栖息在浅海底的一种腔肠动物，与人们爱吃的凉拌菜——海蜇是近亲。它的下端基盘紧贴在海底岩石上，上部有一个口，口四周长着许多貌似花瓣的又长又细的触手。这些触手其实是捕捉食物的工具，而触手上暗藏着看不见的武器——刺丝胞，胞里带着有毒的刺丝。当小鱼小虾等小动物被它那伪装的美丽花朵吸引向它游近时，刺丝胞便会射出一根根有毒的刺丝，把小动物刺麻，动弹不得，然后，它就收缩触手，把"俘虏"送入口中，美餐一顿。

海葵虽然笑里藏刀，诡计多端，但它也有不少好朋友，对好朋友它是不伤害的。寄生虾就与海葵有很深的交情。

寄生虾经常替海葵清理触手，让其保持清洁，换来的则是海葵留给它的一日三餐，因而寄生虾还有葵虾的称号。

海葵与寄居蟹更是莫逆之交。海葵跟随寄居蟹周游世界，克服了本身不能行走的缺陷，不胫而走，东奔西跑，从而获得足够的口粮；而海葵的有毒触手捕捉小动物，既可供给寄居蟹吃喝，又可对寄居蟹起保护作用，使它再也不怕那些拦路的"强盗"。因而它们常常形影不离，如胶似漆，难解难分。更奇妙的莫如东南亚马来群岛的珊瑚礁中的一种蟹，常用左右两个腕各钳一个海葵，好像手里举着两束鲜花。这种蟹也是效法寄居蟹，借海葵的毒手御敌和捕获猎物。

海葵对人类是有用的，主要是药用，可治疗体癣和痔疮、脱肛等病，还可打蛲虫。从某些海葵中还可提取抗凝血剂，另一些海葵的提取物可治白血病，有的海葵提取物对心脏有强收缩作用。

在深一点的海底，人们能见到一种形同百合花的生物。它那挺拔的茎干节节生枝，顶端长着一枝含苞待放的花朵，极似百合花，因而人称海百合。其实海百合与海菊花一样也不是植物，而是海洋里的棘皮动物，与海参是近亲。

├ 海底旅游留人醉

猎奇是人的天性。瑰丽多姿的海底景色，光怪陆离的海底生物，刺激而有趣的海中潜水，吸引着人们前去探险、旅游。长期以来，不知有多少人做过遨游水晶宫的美梦，但是，由于科学不发达，这个美梦无法实现。如今，科学技术和经济都得到了迅猛的发展，一种别开生面的"海底旅游热"就在一些沿海国家应运而生并悄然兴起。

在日本四国岛西南岸的龙串湾，就建了一个海底公园，大受欢迎。游客们可以乘电梯而下，在海底建筑物的底层透过大玻璃窗，观赏海底的奇异景色，这里有千百年来风化、海蚀形成的奇礁怪石，有色彩缤纷的珊瑚礁，还有妙趣横生的海星、海葵、海龟、海蟹，以及各种艳丽的海底鱼类。

在澳大利亚的悉尼、珀斯和新西兰的奥克兰，也建造了类似的海底世界旅游点。新加坡的旅游胜地圣淘沙的海底世界水族馆，深入海面以下5～6米，养着7000多种热带鱼类和其他有趣的生物。游人可以进入一条透明隧道安全地身历海底，饱览平日难得一见的海洋水族的生活。这个海底世界还有水下餐厅和电影院。有胆量的游客可以亲自潜入海底，与鱼虾一同遨游，体会蛙人潜游于海中的乐趣。

我国海南省的三亚，气候温暖、水质优良，有多姿多彩的珊瑚，有各种美丽的热带鱼和其他海底植物，是海底旅游的最佳去处之一。

你可以乘潜水船或观光潜艇到海底，通过闭路电视看到海底景致。也可以进入半潜式海底游船，下潜至1.7米深处，通过座位旁的玻璃钢窗口，观看海底珊瑚和热带鱼群。还可以穿戴专门的潜水衣和潜水设备，先培训半个小时，然后携带压缩空气瓶，在潜水教练带领下潜入海底4～5米处，胆子大一点的甚至可潜到15米！如要追求更多的刺激，可以去夜潜，携带配备声音的手电筒，在夜间的海底寻求更多的神秘。喜欢浪漫的游客，可以戴上防压头罩，在教练的陪同下，顺着游船直通海底的水梯，走到4～5米深的海底珊瑚周围，来一次半小时的海底漫步。

有趣的是，一向被列入军用的潜水艇，也一变而成为海底旅游的工具。美国一家海下开发公司的创办人赫特说："每当我与游人共同在海底游弋时，发现他们几乎全为海底的绮丽风光陶醉了。我深深地感到，海底的确是一个具有巨大吸引力的旅游天地！"于是，层出不穷的各种海底服务项目不断推出。如在潜艇里举行婚礼，然后让新人去海底漫步，受到许多年轻人青睐。

有人觉得短暂的海底观光时间太短，如果能在海底多待些时间就好了。于是，为了让人们获得更多的满足，海底旅馆便开张了。当然建造海底旅馆，让游客到海底去过夜，那并不是一件容易的事。到2008年，还只有美国人开了一家，那就是位于佛罗里达半岛最南端的朱尔斯海底宾馆，建在基拉尔戈海岸外10米深的海底。岸上装有观察海底宾馆的设备，以保证宾馆的安全。旅客先在岸上办好住店手续，然后服务人员陪同，乘渡船到海底宾馆头顶上的木筏，再由一条60米长的水烟筒形状的空气通道进入海底宾馆。宾馆有六个圆筒形的卧室，每间7～8平方米。从卧室的透明窗向外观察，可以看见海底鱼虾在窗外漫游，真是妙不可言。

宾馆的温度经常保持在摄氏 24 度左右，温暖如春。客人呼出的二氧化碳由抽气机抽到海面上去。游客的衣服和化妆用品，由服务人员用一只密封箱子潜水带入海底。客人饿了，可以从卧室的冰箱里自己拿食物。烦闷时，房间里有小型唱机、录音机和录像机，供人消遣。在与世隔绝的海底生活，不免会有孤独的感觉，那也不要紧，可以用电话与亲友交谈。游客们说，住在海底宾馆，会有一种如梦如幻的感觉。

另一座海神宾馆在斐济东北部一座岛屿附近建成。由美国人布鲁斯·琼斯设计的这座宾馆可提供众多休闲娱乐方式。宾馆有两部电梯供游客出入。从宾馆的密封防水舱口可直接潜入大海，人们还可在面积约 46.5 平方米的客房里观赏珊瑚礁和热带鱼。由于宾馆内压力保持在 1 个标准大气压，游客不必担心会感到不适。宾馆内有全世界最大的水下住所——111.6 平方米的套房，每晚房费高达 1.5 万美元。

海神海底宾馆与朱尔斯海底宾馆不同，客人不需要穿着潮湿的潜水服就可以乘电梯直接到他们在水下的住处。

每个房间都有自己的特色，透过透明的丙烯酸墙壁可以观看珊瑚花园。每个房间里都有控制器，客人可以用控制器来调整他们窗外水底世界的照明，给外面游来游去的鱼喂食。各房间还有"水流按摩浴缸"，让客人好好地享受。

阿联酋的迪拜打算建一座水下城，这个水下城是一个极有特色的豪华宾馆，在波斯湾水下 190 米处，有 220 个水下套房，还有水下音乐厅、舞厅和餐厅。

浅海宝藏多又多

浅海蕴藏的最大财富是石油。据估计海底石油总共储藏 3250 亿吨，占整个地球石油储藏量的 1/3。这些石油大部分埋藏在大陆架浅海海底，根据目前的勘探，我国近海、中东波斯湾地区、墨西哥湾、西非几内亚湾以及北海等海区，储藏量最为丰富。

为什么海底石油集中在浅海呢？这和海底沉积物的性质和沧海桑田的变迁有关。

我们已经知道，大陆架浅海生活着许许多多的海洋生物，又有江河带来的大量泥沙，这些生物死亡后，它们的尸体和泥沙一起沉积在海底，形成"有机淤泥"。由于这些地层不断下降，有机淤泥越埋越深，最后和外面的空气隔绝了，加上地层深处的温度、压力的作用，厌氧细菌便在这种条件下把有机物质转变成油。不过，这还只是一些分散的油滴。由于上覆地层的压力，分散的油滴被挤到四周多空隙的岩层中，然后，地下水浮托着油滴向着上穹岩层的顶部汇集。这上穹的岩层就像一个大脸盆，把汇集的油保存起来，于是就形成石油的大仓库，科学上叫做"储油构造"。

　　石油是"工业的血液"，从它里面可以提炼煤油、汽油、柴油和重油。煤油可以用来点灯、烧煤油炉；汽油是飞机、汽车不可缺少的燃料；抽水机、拖拉机、轮船、军舰等都用柴油来发动；机器的润滑剂用的则是重油。石油提炼后剩下的渣滓也很有用，铺柏油马路用的就是这种东西，叫作沥青。

　　石油也是极为重要的化学工业原料，可以用来制造合成塑料、合成纤维和合成橡胶。在燃料、农药、医药、化肥、炸药、香料、合成洗涤剂等的制造上，它也大显神通。石油全身都是宝，是经济建设中极重要的资源。

　　从海洋里生产出来的原油，数量逐年都在增加，1992年世界海洋原油产量为 9.3 亿吨，占世界原油总产量的 26.5%；海洋天然气产量为 3477 亿立方米，占世界天然气总产量的 18.9%。到 2003 年，世界海洋原油产量增加到 12.57 亿吨，占世界原油总产量的 34.1%。

　　我国近海的石油资源很丰富，先后发现了渤海、南黄海、东海、南海珠江口、北部湾、莺歌海等六个大型含油气盆地和许多储油构造。油气资源总面积 130 多万平方千米，石油资源量 246 亿吨，占全国石油资源总量的 22.9%；天然气资源量 15.97 万亿立方米，占全国天然气资源总量的 29.0%。现在，海洋原油年产量在 5000 万吨左右，到 2015 年，预计将稳定在这一数量，占全国总产量的 26%；

海洋天然气也将达到 250 亿立方米，占全国总产量的 25%。

前面已经说过，2007 年 5 月 3 日，我国宣布在渤海湾发现储量规模达 10 亿吨的大油田——冀东南堡油田，这更加说明我国海洋油气开发有光明的前景。

沧海桑田的变迁，使陆地变为海洋，煤层也就来到海底。其他的海底矿藏，也是从陆地到海中的物质沉到海底形成的。因此，浅海海底还有煤、铁、硫黄、石膏以及种类繁多的砂矿，它们也是很有用的燃料和原料。

目前，世界上已有 30 多个国家和地区，分别在 300 多个矿区对 20 多种浅海海底矿产进行勘探和开发，主要矿种除煤、金刚石、金红石外，还有锡、铁、金、硫、磷灰石、独居石和铀等。这些矿产，在大陆架海底的蕴藏量都很丰富，如铁矿的可采储量就有 254 亿吨，为陆地总储量的 1/10；铜的可采储量 2 亿吨，锡 570 万吨，金 3 万吨，银 16 万吨，硫 20 亿吨，铀 13 万吨。

我国是世界上海滨砂矿种类较多的国家。主要可分为 8 个成矿带：海南岛东部海滨，粤西海滨，雷州半岛东部海滨，粤闽海滨，山东半岛海滨，辽东半岛海滨，广西海滨和台湾北部、西部海滨。特别是广东海滨砂矿资源非常丰富，其储量居全国之首。辽东半岛沿岸储藏大量的金红石、锆石、玻璃石英和金刚石等。

├─ 陆坡景色也神秘

从大陆架往深处去，地势突然变陡，水深从几百米很快急增到二三千米，这叫作"大陆坡"，简称"陆坡"。全球大陆坡的面积达 2790 万平方千米，占海洋总面积的 7.8%。

大陆坡底部不再是生机勃勃的世界了。深深的海水阻挡了阳光的投射，海底是黑暗的；大陆江、河的营养物质停留在这里的也不多；植物已不可能生长了，少数海底动物也只能靠吃泥过活。

大陆坡海底最引人注目的，是许多巨大的海底峡谷，它们是一些又长又窄的深沟，也有分支，像陆地上的河谷。多数海底峡谷起源于大陆架，贯穿整个大陆坡，还延伸到深海。以前，人们以为它是陆地河谷的延长，后来发现，没有河流入海的海底，也有海底峡谷，这说明它并不是河谷的自然延伸。

现在，大多数人认为海底峡谷是海底浑浊流造成的：在有风暴天气下，巨浪把海岸的泥土打碎，把海底的泥沙搅起，海水异常浑浊。浑浊的海水受到某种力量（例如地滑）的推动，就会形成一股强大的水流——浑浊流，它把地震和火山喷发造成的海底裂缝越冲越大，越冲越深，形成海底峡谷。

1929 年的一次地震，在纽芬兰南面海洋里出现了地滑现象，强大的浑浊流把海底电缆冲断了，水流最初以每小时 72 千米的速度向下冲去（这个速度可同汽车赛跑），流过几百千米才慢下来，当流过 5000 米深水处时，速度仍有每小时 36～43 千米（比自行车快得多）。这样强大的浑浊流，可把几十吨的石头搬走。法国一艘深潜器曾看到了海底峡谷的情景。当下沉到 400 米的时候，大海完全黑了，人们打开 6 盏探照灯，照亮了 15～20 米远的空间。深潜器再缓慢地向下沉去，人们观察到峡谷的斜坡是光秃秃的石头，上面没有泥土，好像巨大的石阶梯。后来，又从舷窗里瞧见一个像是披着"白雪"的山坡，足有 30～40 度的斜度。深潜器便轻轻往"白雪"上停靠，想看个究竟。可这一靠，山坡上的"白雪"竟向下滑动了四五米！"白雪"是什么呢？无法知道。

深潜器继续向峡谷深部下沉，看到在峡谷的斜坡上有泥，它们非常松软，螺旋桨一旋动就能搅起来，上面有许多神秘的小洞和小丘映入人们眼帘，小丘不高，30～40 厘米，小洞也不大，每平方米大约有 10～15 个。这些小洞好像是什么动物挖成的，但这些动物在哪里呢？没有找到。

下沉到 1600 米时，人们看到了鱼和行动捷如闪电的大章鱼，章鱼洒下一团墨汁，游过深潜器，立刻就不见了。还看到了海鳗、柳珊瑚、海绵。在峡谷底部，也点缀着神秘的小洞。

这些景色，人们还很陌生，免不了会感到神秘，因为亲自到深海去的人不多。随着科学技术的进步，人类必然会深入海底各个角落，去认识现在还没有认识的海底世界，那时，现在觉得神秘的东西，也会变得很平常了。

┤　陆基也是大油库

从陡峭的大陆坡再往深处去，地形又变得平缓了。这里有一段缓缓向大洋倾斜的地区，叫作大陆基，又称大陆隆，位于水深 2000～5000 米处。它的平缓程度虽然比不上大陆架，但比大陆坡要平缓得多，坡度一般小于 0.5 度。但它比较宽广，通常在 100～1000 千米之间。全世界大陆基的面积为 1924 万平方千米，占海洋总面积的 5.3%。

为什么海底在这里又会变平缓了呢？这也和海底浑浊流有关系。因为大陆坡很陡，所以海底浑浊流和滑坡，会将河流入海的泥沙和大陆架的沉积物带到大陆坡的坡麓，堆积起来，并且像扇子一样散开，形成扇子形状的堆积体，叫作"深海扇"。日积月累，大陆基的沉积就变得很厚，可达 10 千米，是海洋的主要沉积带。由于这里缺乏氧气，又有许多有机质，所以有生成油气的良好条件，必然会有很多的石油，给人类带来又一个石油大仓库，到时候，荒凉的大陆基海域肯定会热闹起来。

事实上，现在已经有少数国家在大陆架以外的深水海域开采石油了，如巴西。1997 年，巴西创造了在 1709 米水深作业的世界记录。2003 年，巴西的探井和开发井都达到了 3000 米水深以上。巴西的深水和超深水油田都位于一个叫坎波斯的盆地,其中三个超深水巨型油田,可采储量超过一亿吨。可见,深海的油气资源是很丰富的,而且开采技术也不是太大的障碍。

进入 21 世纪,深海石油作业已成为石油工业的一个前沿阵地。在墨西哥、巴西以及西非等地,深海石油开发已经有了极大的发展。

┠ 板块俯冲在海沟

以前人们总以为海洋最深的地方在海中央,通过火眼金睛——回声测深仪的大量测量,才发现并不是这样。测深仪的数据告诉我们,海洋中最深的地方不在大洋中心,而在大陆边缘的最外缘,这就是海沟。海沟的深度在 6000 米以上,长度可达几千千米,像个 V 字形,上部宽,有几十千米,底部窄,只有几千米。

全世界共有 28 条海沟。其中太平洋有 19 条,主要的几条是:阿留申群岛南面的阿留申海沟,7822 米;千岛—堪察加海沟,10542 米;日本海沟,9156 米;琉球海沟,7790 米;菲律宾海沟,10265 米;伊豆—小笠原海沟,9810 米;马里亚纳海沟,11034 米;新赫布里底海沟,9165 米;汤加海沟,6662 米。其中,马里亚纳海沟是世界上最深的海沟,那是苏联"勇士"号海洋调查船测量的数据。不过,后来英国海洋考察船又测得菲律宾海沟为

11515 米，如果这个结果能够得到确认，那么，世界上最深的地方就应该在菲律宾海沟了。

印度洋有 5 条海沟，它们是阿米兰特海沟，9074 米；迪阿曼纳斯海沟，8230 米；爪哇海沟，7725 米；鄂毕海沟，6874 米和维马海沟，6402 米。

大西洋只有 4 条海沟，它们是波多黎各海沟，9218米；南桑得维奇海沟，8428 米；罗希曼海沟，7856 米；凯曼海沟，7491 米。

有趣的是，海洋中这些深邃的海沟，其外侧每每有高翘的海岛与之相伴，它们形影不离，构成一个独特的系统。因为这些相伴的海岛多呈弧形，所以就把它们叫作海沟—岛弧系。

海沟与岛弧形影不离，不要说在地质学家眼里，就是一般人看来，也绝不会是偶然现象。海沟—岛弧的发现，不仅把过去人们眼中单调的海底变得多姿多彩，而且使海洋深处更增加一层神秘色彩。

板块学说认为，海沟—岛弧系是海底扩张的结果，当一块岩石圈板块在运动过程中遇到另一块板块时，就会受到阻碍。受到阻碍的板块前进不得，便以一定角度倾斜地向下俯冲，沉入地幔，这就形成了深深的海沟。板块俯冲时的挤压作用，又会使一部分地幔物质上升，形成岛弧。巨大的板块俯冲时，力量不用说是非常之大的，它会把另一块板块挤压得向上冲，因而引起了频繁的地震和火山。全世界绝大多数的地震都发生在这里。

一 万米深渊历险记

为了探寻海沟的秘密，1960 年，瑞士 76 岁高龄的奥古斯特·皮卡特教授，作出了一个惊人的安排，要让他的儿子，年轻的潜水员雅克·皮卡特和美国海军上尉唐纳德·维尔什一起，乘坐由他自己设计的新型潜水器"的里雅斯特"号，去世界上最深的马里亚纳海沟进行一次史无前例的探秘，欣赏一番万米深渊的景色。

消息一经传出，舆论哗然，那么深的地方也能去吗？就是到了那里，又怎么回来呢？但是，奥古斯特教授胸有成竹，因为他设计过多艘深潜器，并且多次亲身下潜过。

1 月 23 日，8 点 23 分，30 岁的小皮卡德怀着激动的心情和维尔什一起，在马里亚纳海沟的海面上，登上"的里雅斯特"号，关上舱盖，加上压载，缓缓下沉。四周静悄悄的，只有各种仪表的响声打破寂静。大海越来越暗了，小皮卡德打开探照灯，把海水照得透亮。只见各种各样的鱼儿和海洋动物不时在窗外游过，他们俩也好像加入了游鱼的行列。正当他们尽情地欣赏水晶宫的景色时，深潜器突然停住了。他们十分惊讶：刚下潜几分钟，怎么就到底了呢？仔细一想，这是不可能的呀，离万米深渊还早着哩！检查一遍各种仪表，一切正常。再仔细观察一下温度计的读数，才明白那是海水突然变冷，使得海水的密度骤然增加，从而使浮力也突然加大造成的。在这里，深潜器好像遇到了一种"柔软的海底"，被"粘住"了一样。增加一点压载，深潜器很快又下沉了。不过，刚下沉 10 米，深潜器又一次被"粘住"了。再增加一点压载，又下沉了。这样折腾了 4 次，到 8 点 55 分，才又稳定地往下沉。

9 点 37 分，下潜到 735 米时，大海一片漆黑。两个人感到很冷，便吃了些巧克力，这样，身体才暖和了一点。下潜到 1000 米时，他们通过声波电话向水面指挥船报告，说漆黑的大海出现了许多闪闪烁烁的亮点，好像天上的星星一样，美丽极了，想不到水晶宫里还真是别有一番风光呢！

水面指挥船监视着"的里雅斯特"号的下沉，每隔几分钟就通话一次。但在 10 点钟的时候，联系中断了，"的里雅斯特"号一点声音也没有。不知道是电话出了故障，还是深潜器遭到意外，人们都十分紧张，都在想：两个潜水员怎么样了？

指挥人员一会儿拼命对着话筒喊话，一会儿又竖起耳朵仔细倾听，想探出个究竟。然而这一切都是徒劳的，"的里雅斯特"号一点儿消息也没有，船上死一般的寂静，人们陷入极度恐慌之中。

"呀，有啦！"突如其来的声音打破了寂静，这是有人突然听到扩音器里传来的维尔什的声音而发出的尖叫。

为什么声音讯号会突然中断呢？原来，这是一个密集的鱼群正好在指挥船下通过，挡住了声波的缘故。而当鱼群游过后，通信自然立即恢复了。

11 点 20 分，深度指示器显示 8800 多米，离洋底只有 2000 来米，两潜水员心中都不约而同地想着要特别小心，千万不能出什么毛病。因为海沟呈 V 字形，上宽下窄，越往下，越容易碰壁，所以驾驶要十分谨慎。下沉到 9500 米时，他们感到一阵剧烈的摇晃，以为是到了海底。可是打开测深仪，却又不见回波，这说明离海底还远。"不管它，继续下潜，"小皮卡德说，"胜利在望的时刻决不应胆怯。"

于是，深潜器又继续下潜。不一会儿，指针指着 10000 米，两个人又是一阵兴奋。快到了，万米深渊就在脚下啦！他们又一次开动测深仪，奇怪的是，仍然没有回波。

"难道这里真的没有底？"小皮卡德不觉起了一阵怀疑，但他又觉得这种怀疑是多余的，真可笑，海洋怎么可能会没有底呢。很快，他打消了顾虑，继续下潜。他坚信科学，坚信科学测量的数据，坚信海底一定不远。

12 点 56 分，回声测深仪有信号反射了，虽然很微弱，仍能显示出离海底只有 80 米了。

小皮卡德打开所有的探照灯。海水是那样的清澈，透过舷舱，他们惊奇地见到一只 2~3 厘米长的红虾。多么不可思议！人们都说大洋深处又冷又黑，压力又大，根本不可能存在生命，可两位潜水员竟然亲眼在一万多米的海沟里见到了小红虾，这是多么了不起的发现！它向人们宣告，即使是在地球最深的地方，也是有生命存在的。

"的里雅斯特"号继续下潜，离海底只有 10 米了，胜利就在眼前。13 点 06 分，深潜器终于轻轻地碰到了海底，深度为 10916 米。小皮卡德和维尔什成了到达世界最深处的第一批游客。看上去这似乎很容易，但他们花了好几年的准备时间，而且还得冒极大的风险。

过去，人们想象深海底是坚硬的石头，或者又黑又脏的污泥，其实，这里的沉积物又薄又清晰，呈美丽的象牙色。深潜器着底时，一片淤泥还轻轻地升起呢。就在深潜器着底时，一条鱼突然闯到舷窗外面来了。这条鱼长约 30 厘米，宽 15 厘米。它一点儿也不怕明亮的探照灯，也不怕轰隆作响的机器声，安详地游动着。这条鱼，头上长着两只大眼睛，使小皮卡德和维尔什迷惑不解。他们想，在这样一个完全黑暗的世界里，眼睛有什么用呢？或许是用来寻找发磷光的微小生物吧。于是，他们灭掉探照灯，在黑黝黝的万米深渊里仔细观察了许久，却始终找不到一点点光的痕迹。

然后，他们开始用机械手挖泥土，进行其他科学项目测量。他们惊奇地发现，那里的水温比 4000 米的地方反而高了 2.4 摄氏度。

工作半小时之后，按计划准备返航。就在这时，维尔什一声惊叫："水！"小皮卡德心中一震，他知道舱内有水意味着什么。

他们立即沿着湿润的水迹寻找，几秒后便找到了水源，顿时吓出了一身冷汗。原来他们瞧见有机玻璃窗上有一条非常细的裂缝，水正是从那里渗漏进来的。这时，他们才回想起一小时前到达 9500 米时那次强烈的震动，很可能玻璃就是那次震裂的。

"赶快，抛掉全部压载，上浮！"小皮卡德胆战心惊地吼叫着。

压舱物抛掉了，"的里雅斯特"号一下子减轻了 12 吨。在推进器的帮助下，它迅速上升。

16 点 56 分，"的里雅斯特"号的驾驶塔刺破了太平洋的水面，从"地狱"重返人间。历时 8 小时 33 分钟，向着地球最深处的首次进军，胜利地结束了。它实现了几千年来人类遨游龙宫的梦想。它有力地告诉人们：深海底并不是沉寂荒凉的地方，相反，它是有生命存在的世界，是另有一番景象的迷宫。

小皮卡德和维尔什虽然征服了万米深渊，创造了深潜的奇迹，但他们清楚地知道，这仅仅是人类征服海洋的开始，更严峻的考验还在后头哩！

"一个科学家，为一种纯粹是好学的热情驱使着投入研究，他的眼光总是向着未来的。通过建造能在海洋深部自由运动的船只，我满足了自己好学的热情，我希望我也能为海洋学研究打开一扇门。"这就是深潜器先驱奥古斯特·皮卡特的最后遗言。

虽然探测深海充满危险，但这并没有阻止人类探索的脚步。2012 年 3 月 26 日，美国好莱坞著名导演詹姆斯·卡梅隆乘坐专门设计的"深海挑战者"号深潜器，独闯马里亚纳海沟，到达 10912 米的海底，又一次创造了奇迹。"深海挑战者"号重 12 吨，高 7.3 米，驾驶舱宽度仅 1.09 米。外壳材料中填充了特制的泡沫材料，这样的设计是为了让深潜器能快速行动。

这艘深潜器的重量虽然只及 50 年前的 1/10，但功能要强大得多，不仅可以进行 3D 摄像，还配有专门的沉积取样器和采集小型深海生物的设备，并且配备 4 个高清海底摄像头。他在深渊停留了 6 个小时，目的是观察、收集和拍摄素材，供科学家日后进行海洋生物、海洋地质和地球物理等方面的研究。还将为 3D 电影《阿凡达》的续集《阿凡达 2》和《阿凡达 3》提供珍贵的素材。卡梅隆要在续集中把人们带到潘多拉星球的深海，向观众展示一个更为神奇的世界。

虽然这次没有出现裂缝，海底最深处的高压还是把深潜器压扁了许多，窗户明显地向内凹陷，整个深潜器缩短了 7.6 厘米！

由于精心的设计，下潜和上浮比小皮卡特他们快多了，总共才花了 3 小时 10 分钟。

海沟探险固然说明了人类探索深海的决心与勇气，也说明探索手段的不断提高，人类有能力去海洋最深处闯荡。然而，人类不仅仅需要做深海的过客，而是要用较长的时间去深海考查、探宝、打捞和作业，因而人们更致力于建造发展作业型的深潜器。

目前全世界载人深潜器的作业水深往往在 6500 米左右，主要用于海洋油气开发。目前只有美国、日本、法国、俄罗斯和中国拥有深海载人深潜器。

2010 年 8 月 26 日，中国第一艘自行设计、自主研制的"蛟龙"号载人深潜器，3000 米级海上试验取得成功，并将一面国旗插在 3759 米的海底。这使我国成为第 5 个掌握 3500 米以上大深度载人深潜技术的国家。

2011 年 7 月，"蛟龙"号再次出海亮相。7 月 26 日，在东北太平洋的阳光照耀下，"蛟龙"号潜入 5000 多米的深处，并顺利浮出水面。这标志着继美、法、俄、日之后，中国载人深潜器已跻身"世界深海俱乐部"的先进行列。

2012 年 6 月 15 日，"蛟龙"号又一次出海，奔赴马里亚纳海沟海域试潜，向 7000 米的深度进军。

2012 年 6 月 19 日早上 5 点 25 分，蛟龙号开始进行 7000 米级海试的第二次下潜。

上午 8 点 40 分，蛟龙号成功达到 6908 米，随后，他们又再次坐底，下潜到 6965 米，再一次刷新了我国载人深潜的记录。潜航员还通过水下数字水声系统传回了 3 张照片，其中包括两名潜航员的合影。据专家介绍，虽然这一深度距离 7000 米还有 35 米的距离，但这足以表明我国能够在地球上 99％的海域进行科学研究和资源调查，接下来的几次下潜实验突破 7000 米充满期待。下午 3 点 50 分，蛟龙号浮出水面，下午 4 点半左右，3 名潜航员出舱，他们从海底带回了一些采集到的样品。

6 月 24 日，"蛟龙"号载人潜水器 7000 米海试在西太平洋马里亚纳海沟进行了第四次下潜试验。8 时 54 分，"蛟龙"号下潜深度超过 7000 米，达 7005 米。9 时 15 分，最大下潜深度达到 7020 米，并已经坐底。

蛟龙号坐底深度稳定在 7020 米，正在开展相关作业。还带回 5000 米海底锰结核样本，这是我国开发海底锰结核矿源迈出的重要一步。

2012 年 6 月 27 日，"蛟龙"号再次试潜，最大深度达 7062 米，再次刷新深潜纪录。下潜取得 3 个水样，2 个沉积物样，1 个生物样品，完成了标志物布放，进行了深潜器定高、测深侧扫、纵倾调节试验，此外通过生物诱饵布放，吸引了很多海底生物，抓拍了很多照片，完成了全流程验证计划。

├─ 海底脊梁洋中脊

1918 年，德国在第一次世界大战中彻底失败了，德国人民生活极度贫困。为了增加财源，一位叫哈勒的德国化学家想了一个办法，说是大海里含有 550 万吨黄金，如果能够提取 1/10，就可得到 55 万吨。这么多黄金，不要说支付战争赔款，就是重建一个德国也不成问题。于是，他就向政府建议，要去海里提金。建议果然得到批准，政府立即派了一艘名叫"流星"号的海洋调查船给他使用。可是提了好多年，虽然提取了一些黄金，但是太少了，连成本也收不回来。海水提金的梦想破灭了。

正当"流星"号上的科学家沮丧的时候，另一个喜讯却从天而降，重新燃起了他们的热情。喜从何来？这个喜讯不是钱，而是一种新的发现：当他们在浩瀚的大西洋中部深水区航行时，海洋意外地突然变浅了。大洋中心深水区突然变浅，着实令人惊异。因此，这一发现使"流星"号上的科学家们忘掉了没能提取黄金带来的烦恼，转而以满腔的热情投入海洋测量工作。

经过"流星"号的科学家和其他许多国家的科学家的不懈努力，后来，果然在大西洋中央部分找到了一座高耸的水下山脉，彻底粉碎了海洋像四周浅、中央深的巨锅那样的传统观念。

这条巨大的水下山脉叫作"大西洋海岭"或"大西洋中脊"，它像一个"S"字母，弯曲得和两岸一样。它从南到北，纵贯整个大西洋，耸立在深邃的洋底，全长15000多千米，宽1500～2000千米，和它两侧五六千米的洋盆形成明显的对照。它的顶部有些地方露出海面，构成大西洋中部串珠状的岛屿，如冰岛、亚速尔群岛、圣保罗岛、圣赫勒拿岛等。这些岛屿大多是火山岛，有些至今仍在喷发。中脊顶部的轴向部位，有一条奇妙的裂谷，深2千米，上部宽30～40千米，谷底仅宽1千米～2千米，两侧陡壁夹峙，蔚为壮观。20世纪70年代，法美两国科学家曾在这里进行了扣人心弦的深海裂谷探险。令人费解的是，这条中脊并不是连续不断的，它被许多与中脊的裂谷相垂直的横切断裂带所切割。

在印度洋，也有一条巨大的中脊，它像一个"人"字形，由三支海岭组成，也被一些断裂带错开，上面也不断有地震发生。

太平洋也是这样，不过中脊的位置偏东，叫作东太平洋海隆。

北冰洋的中脊通过大洋的中部，顶部的裂谷也很明显，也被许多横向的断裂带切割。

每个大洋的中脊不是孤立的，它们连在一起，是一个全球性的体系，总长度有 64000 多千米，可绕地球赤道一圈半。各大洋的中脊是全球中脊系统里的一小段。

大洋中脊的发现，不仅改变了人们过去认为海洋中间深、四周浅的老观念，同时还给人们对大洋的形成提供了一种新的思维，证明大洋不是从来就有的，更不是上帝创造的，而是在中脊处诞生，并且不断扩张出来的，它经历了由小到大、不断成长的过程。这是人们对海洋长期探测、研究后得出的一个全新的概念，难怪有人形象地把大洋中脊比作"海底的脊梁"。

├ 海底有个百宝箱

《圣经》里有这样一个故事，说是国王大卫有个儿子，名叫所罗门。他继承王位后，上帝赐给他非凡的智慧，因而聪明过人。有一次，两个妇女为了争夺一个婴儿，吵得难解难分。她们都说自己是婴儿的母亲，谁也不肯相让。无奈之下，只得请求国王公断。所罗门国王听了两人的申诉，也觉得案情的确难断。但身为一国之主，又非断不可。他皱着眉头，苦思冥想了好一会儿，然后出人意料地下令要将婴儿劈开，分给每人各一半，问她们是否同意？一个妇女说，她心悦诚服地拥护国王的公断。可另一个妇女则坚决反对。于是，所罗门便判定反对劈开婴儿的人是婴儿真正的母亲。这时，人们才恍然大悟。可不是，有谁肯看着自己的亲生骨肉被人劈开呢？

所罗门拥有非凡的才智，很快传播开来。远近各国的国王对他无比崇敬，亲自来求见于他，向他进贡。这样一来，所罗门国王的国土很快就富足起来。于是，他用黄金建造宫殿，用黄金做各种器皿，宫殿上上下下，里里外外，装饰得金碧辉煌，豪华至极。

所罗门国王还常派船出海。航船归来，总是金满舱，银满舱，这引起人们的猜测，想象着茫茫大海中，必定有所罗门国王藏金纳宝的地方。许多航海家纷纷前去寻找，但一个个都空手而回。后来，西班牙航海家登上太平洋的美拉尼西亚中的一群岛屿，见岛民身上佩戴着光闪闪的黄金饰物，满以为找到了圣经故事里所罗门国王的国土，欣喜异常，便把它取名叫"所罗门群岛"。

其实，所罗门群岛上的黄金并不是西班牙人想象的那样多，只不过有点金矿罢了，而真正的金银宝库，却是在海洋里！这些宝藏埋藏了千百万年，人们从不知道，只是到了20世纪60年代，才被科学家发现了。

1965年，美国海洋调查船"大西洋双生子—Ⅱ"号在红海进行海底调查时，发现了一个奇怪的现象，使科学家十分惊讶。本来，红海表面由于太阳的直接照射，海水温度比较高，达 33 摄氏度；而表面以下的海水，受不到太阳的直接照射，温度比较低，在 22 摄氏度以下，海底附近就更低了。可是，"大西洋双生子—Ⅱ"号在 3 个水深大于 2000 米，温度本应很低的深渊里，却测得了高达 56 摄氏度的高温，海水热得像温泉。这还不算，科学家取海底泥土进行分析，发现了更加奇怪的现象，泥土里竟含有大量的黄金，其品位比陆地上的金矿高 40 多倍！

这个了不起的发现震惊了全世界，人们好奇地想，要是能把海底这些泥土挖上来，提炼黄金，该有多好呀！

根据调查的资料，红海海底有 3 个含金特别高的地方，总面积达 85 万多平方千米，仅"阿特兰蒂斯Ⅱ"海渊就可提取黄金 45 吨。所罗门群岛的金矿是望尘莫及的。

科学家进一步分析，还在海底泥土中找到了银、铜、锌等贵重金属。上面说到的那个"阿特兰蒂斯Ⅱ"海渊，除可提取 45 吨黄金外，还能提取 4500 吨白银，80 万吨铅，106 万吨铜，290 万吨锌，2430 万吨铁，把它比作海底百宝箱不算过分吧。

为了打开这个巨大的海底百宝箱，不少国家跃跃欲试。霎时间，红海成了各国争相前往探宝的胜地。

正当人们把目光投向红海的时候，1978 年，从太平洋加利福尼亚附近的墨西哥近海又传来一则奇怪的消息：海底冒烟啦！

　　为了探明这种奇怪的海底烟，科学家又进行了很多调查，结果发现，这不是陆地上的那种烟，而是从海底裂缝中喷出来的金属硫化物，它们在海水里漂浮，看上去就好像"烟"一样。从海底裂缝中喷出的这些"烟"堆积在海底，就形成了海底的金属硫化物矿藏，里面也含有 20 多种有用的元素。这不是又一个海底百宝箱吗？

　　海底裂缝中怎么会喷出金属硫化物呢？原来这是地壳运动的结果。我们知道，地壳是处在不断的运动中的，当两块地壳（叫作板块）向相反方向运动时，地壳就会出现裂缝。地壳有了裂缝，海水就会沿裂缝渗到地层深处去，把岩浆中的盐类和金属溶解，变成含矿的溶液。我们还知道，地层深处的温度是很高的，含矿溶液在地层中受到高温的影响，也会增高温度，当它喷发出来时，就会形成热液矿藏。热液矿藏中的铜、锌、铁等离子就会与硫离子结合，变成富含金属硫化物的沉积，这样，就出现了奇怪的海底烟。这种矿藏也叫"多金属软泥"。

　　1980 年，科学家在东太平洋加拉帕戈斯群岛周围的海底，又发现了海底冒烟现象。在水深 2600 米处找到了高 30 米、宽 200 米、长 1000 米的土垛，这就是含金属硫化物的沉积物堆。根据各种测量资料，估计矿物储藏量有 2500 万吨，其中铁占 43%，铜占 11%，铅占 0.8%，还有银、镉、钼、锡、钒等，品位都非常高。

　　后来，人们又在其他许多地方发现了这种矿藏，储量都在几千万吨以上。除了含有上面那些金属外，有的矿藏中还有锰、铝、硅、钛等成分。

　　说到这里，我们已经很清楚了，原来，海底有许许多多的"百宝箱"，"百宝箱"里的珍宝琳琅满目，千姿百态，好像在默默地媲美哩！

　　海洋专家说，每个"百宝箱"即使只含千分之一的黄金，也是非常诱人的，何况还有许多比黄金更有用的金属。所以，许多国家纷纷派出海洋考察船去找矿，希望能找到更多的宝藏。

　　2007年3月，我国"大洋一号"海洋考察船，在西南印度洋成功发现了新的海底热液硫化物活动区域，实现了中国人在该领域"零"的突破，标志着中国已成功跃入世界上发现海底热液活动区的少数先进国家行列。3月1日早上，水下机器人潜航到2800米水深的西南印度洋中脊上，在离海底5米的高度经过10个多小时的连续拍摄，清晰地拍摄了海底正在冒黑烟的"黑烟囱"，黄褐色的混浊液体从海底不断喷涌出来。化学传感器和温度传感器探测结果表明，活动的热液区直径约100米，是一个较大型的热液区。考察队员立即使用国产电视抓斗进行了三次取样，抓取到了珍贵的烟囱体样品、生物样品以及大量的块状硫化物。样品上还发现了附着的生物个体。

　　现在，有的国家正在研究和制订开采计划，要把这些海底"百宝箱"尽快打开。如果能够成功，那么，人类需要的黄金、白银和其他许多有用的金属，一下子就会成倍地增加。

├─ 深海铺上大地毯

　　1974 年的一个漆黑的夜晚，美国宾夕法尼亚州切斯特地方的太阳造船厂里戒备森严，气氛特别紧张。警卫人员和一些神色慌张的人来回巡视，好像发生了什么重大神秘的事情。就在这时，船厂的码头上，一艘刚造好的新船启动了，它神不知鬼不觉地悄悄驶离码头，消失在无边无际的黑暗中。

　　通常，一艘新船下水起航，总少不了要热热闹闹地庆贺一番，举行一个隆重的典礼。可这艘船下水出航，为什么这样神秘？为什么如此戒备森严？为什么偷偷摸摸地在夜里行动？为什么不让一个记者前来采访报道？它到底是一艘什么样的船呢？

　　尽管它的行动神秘，但还是有人在港口窥测到了它的动静，在黑夜的微光中隐约看到了它的名字"格洛玛·勘探者"号。消息传出，引起人们纷纷猜测。有人说，这是一艘最新式的间谍船，专门在海上追踪苏联的潜艇。有人说，这是一艘新型的海盗船，专门到海里去打捞海底沉宝。还有人认为，这是一艘专门安装海底核导弹的船。总之，众说纷纭，但谁也不能肯定它是干什么的，因而这事便成了一个谜，这艘船也就成了一艘"神秘之船"。

　　大约过了 3 年，1977 年初，美国海军当局终于透露了"格洛玛·勘探者"号的真情，原来那次黑夜里偷偷摸摸地出航，是秘密地去为中央情报局执行任务的。因为中央情报局的间谍打听到了一个消息，说是苏联的一艘先进的攻击型潜艇，在太平洋夏威夷群岛西北不远的海域沉没。为了得到这艘苏联潜艇的秘密，情报局很想把它打捞上来。可惜那里的水太深，达5000多米，技术上又办不到，人们只好干瞪眼。后来，他们了解到，太阳造船厂建造的"格洛玛·勘探者"号有进行深海打捞的能力，便如获至宝，还没等它完全造好，就迫不及待地把它租来，要它一造好就去执行打捞苏联潜艇的任务。当然，这事儿很秘密，事先决不能让人知道，因此只得偷偷摸摸地出航。出航不久，"格洛玛·勘探者"号果然大显身手，在5000多米的海底成功地打捞起了那条苏联潜艇的残骸，截获了密码、鱼雷和核弹头等重要军事情报，为美国立了一大功。可是这些事儿，老百姓是不知道的，别的国家更是蒙在鼓里。当美国海军把消息宣布出来后，世界大为轰动，立即成了当时的一大新闻。而那艘神秘之船的真相，也就大白于天下了。

"格洛玛·勘探者"号是一艘36000吨的新型深海采矿船，具有从水深超过5000米的海底采矿、打捞的本领，难怪它还没有造好，就被美国中央情报局相中。情报局的秘密使命完成后，"格洛玛·勘探者"号再用不着保密了，于是便公开亮相，开始干它的本行。果然，没过多久，它又出色地完成了任务，从几千米的深海底采上了珍贵的锰结核。

锰结核是躺在深海底表层的一种很有价值的矿产，含有锰、铁、铜、钴、镍等30多种金属元素、稀土元素和放射性元素，尤其是锰、铜、钴、镍的含量很高，有工业开采价值。它的颜色有红褐色的，有褐色的，有蓝色的，还有黑色的，样子有点像马铃薯或者煤球。

全世界深海底锰结核总储量约有30000亿吨，数量多得惊人。其中含锰4000亿吨，镍164亿吨，铜88亿吨，钴58亿吨，分别是陆地储量的几十倍至几千倍。按目前的消耗量计算，锰大约可供全世界用33000年，镍可用25300年，钴可用21500年，铜可用980年。更令人惊叹的是，大洋锰结核还在不断生长，而且生长的速度很快，仅太平洋每年就生成1000万吨。单是从每年新生长的锰结核中提取的金属，铜就可供全世界用3年，钴用4年，镍用1年，加上原有的储量，大洋锰结核真可说是地地道道的取之不尽，用之不竭了。

世界上各大洋都有锰结核，但以太平洋最多，品位也最高。主要集中在美洲到马绍尔群岛一线，南北宽约800千米，总面积约1800万平方千米。其中以北纬6度30分，西经110度到180度海域最为密集，每平方千米有9000吨。一团团的锰结核密密麻麻地躺在海底，彼此叠连成片，好像铺上了一层"超级海底地毯"。

锰结核有大有小，小的直径不到1毫米，大的直径可达几十厘米，常见的是0.5厘米到25厘米，个别直径可在1米以上，重几百千克。这些锰结核虽然在几千米的深海底，但并不是埋在海底泥土里，而是躺在海底表层，就像陆地上的露天煤矿一样，所以把它捞上来并不十分困难。

不少国家都在开展锰结核勘探工作。我国自 20 世纪 70 年代以来，在东太平洋、中太平洋范围内对锰结核进行了详细的勘查，取得了很大的成绩，圈出了具有商业开采价值的 30 万平方千米的远景矿区，因而在 1990 年 8 月 22 日，我国正式向国际海底管理委员会提出申请。半年后，1991 年 3 月 5 日，申请得到批准，从而使我国成为世界上第五个大洋锰结核矿产先驱投资者，获得 7.5 万平方千米的开辟区。这块约有渤海大小的开辟区，成为我国 21 世纪深海矿产的一个开采基地。

现在，几个技术先进的国家成立了公司，从事锰结核的试采工作，美国还建立了锰结核的加工提炼工厂。过不了多久，人类大规模开采锰结核的时代一定会到来。

海洋奇观冰与火

人们常说水火不相容，这么说，冰与火就更不相容了。然而不久前，人们在海底竟然真的找到了冰与火相容的东西，这是一种埋藏在海底的奇特"冰雪"，它的发现，立即引起了人们的关注和好奇。

这种白色的"冰雪"，表面看来是白色的固体，而里面却是可以燃烧的天然气。如果把它拿到海面上来，在冰还没有溶化消失之前点上一把火，它就会燃烧起来。所以，人们就把这一团团半是海水半是火焰的海底冰雪称为"固体瓦斯"或"可燃冰"，而科学家给它取的学名则是"天然气水合物"。经过科学家的研究和试验，认为这种天然气水合物也是海底的一种可以利用的矿产资源。这样一来，它就成为许多国家海洋地质调查的重点。

根据大量地质、地球物理及深海钻探的资料，发现这种天然气水合物在海洋里很多，从水深几百米到三四千米的大陆坡海域以及大洋中都有，它不像锰结核那样躺在海底表面，而是埋藏在海底下几百米以下的地层内。现在，已经发现了 80 多个矿点，其中有 15 个大型或超大型矿区，等待人们去开发。

天然气水合物是一种比现在使用的天然气更清洁、污染更少的天然气资源，这是因为它分解时，释放出来的天然气比常规天然气所含的杂质更少的缘故。根据测定，1 立方米的天然气水合物，含甲烷高达 180 立方米，它的能量密度为煤的 10 倍，常规天然气的 2～5 倍，难怪人们对它特别感兴趣。美国、日本、印度和俄罗斯更是积极，迫不及待地加快了调查步伐。美国在其东海岸大陆边缘的布莱克洛海岭的调查表明，该海域天然气水合物资源可以满足美国 105 年的天然气消耗。于是，他们在 20 世纪末通过了一个为期 15 年的天然气水合物研究计划，要求 2015 年投入工业生产。日本在它们国家近海的调查表明，天然气水合物资源可以满足日本 100 年的能源需求。印度也在其东部和西部近海发现了多处天然气水合物矿藏，还制定了全国天然气水合物研究计划，可见是非常重视的。

　　当然，我们中国也不甘落后，也积极开展了天然气水合物调查研究工作，并且在我国近海发现了不少有找矿前景的区域。2007 年 5 月 1 日，我国在南海北部神狐海域采集到了天然气水合物的实物样品，成为继美国、日本和印度之后第 4 个采到水合物实物样品的国家，并证实了南海北部蕴藏有丰富的天然气水合物资源，标志着中国天然气水合物调查研究水平已步入世界先进行列。初步预测，南海北部陆坡天然气水合物远景资源量可达上百亿吨石油当量。神狐海域是世界上第 24 个采到天然气水合物实物样品的地区。

　　为什么各国如此热火朝天地探索海底天然气水合物呢？这是因为它的储量实在大得惊人。世界上究竟有多少天然气水合物，只要讲几个简单的数字就会使你惊叹不已。根据国际天然气潜力委员会的统计，全球可燃冰中所含的甲烷资源量，约有 2 万亿立方米。这是什么样的概念呢？形象地说，它相当于世界上已经开采的和已知却尚未开采的所有石油、天然气和煤炭总储量的两倍，这足可以供人类使用上一千年。于是科学家惊呼，天然气水合物代替石油、天然气和煤炭的时代就要到来了！把它誉为人类"未来的能源"一点也不过分。不难想象，它必将成为人类未来矿产开发的一个热点。

├ 千姿百态深洋盆

在大洋中脊与海沟之间，或者大洋中脊与大陆基之间，有着十分广阔的区域，这片广阔的区域深度大得惊人，通常在5000～7000米之间，是一个巨大的盆状凹地，因而叫它大洋盆地，简称洋盆。

根据最密集的测深资料，地质学家已经详尽地描绘出了洋盆的千姿百态的图形。你看，这里有一望无际的深海平原，它的坡度小于万分之一，是世界上最平坦的区域。这里有狭长的海底高地，常常由一些链条形状的海底火山构成，地质学家把它称为海岭。不过这些海岭与大洋中脊那样巨大的海岭在地质构造上是很不相同的。在洋盆中，我们还能见到一堆一堆、此起彼伏的比较和缓的地形，如同陆地上的丘陵一样，叫作深海丘陵。这种地形在洋盆很多。洋盆中有一些长度和深度比海沟都要小得多的凹地，叫作海槽。洋盆中还有一些孤立的、圆锥形的山峰，高度不大，在1000米左右，这就是海山。有些海山陡峭地从海底升起，山顶却是平平的，像被刀削去了脑袋似的，人们叫它平顶山。在山顶上，有火山喷出的物质，看来，是火山喷发形成的火山了。可为什么会形成平顶呢？原来，这些火山起初也是尖尖的顶，和我们平时见到的陆地上的山没有什么两样。由于海中的波浪和海流不断地冲击，尖顶被逐渐削平了，海底下降或者海面上升，他们就沉到海面以下，变成了奇特的平顶山。

此外，广阔的洋盆离陆地很远，已不再有江河带来的泥沙，海底多半是红色深海沉积物，是生物尸体、火山灰等物质在强大的压力下，经过化学作用变成的红黏土。

├ 海底世界新面貌

在大洋深处，寒冷、黑暗，压力很大，并且缺少氧气，环境十分恶劣，因而长期以来，人们以为那里不可能存在生物。这种推断似乎没有人怀疑，因为在这样恶劣的环境里，生物实在是没有生存的起码的条件。直到 20 世纪初，人们普遍都是这样认为的。

后来，人们在修理 2500 米深处的海底电缆时，发现电缆上附着虾、乌贼、章鱼、蜗牛、扇贝等 15 种动物的卵，这才不得不改变原有的认识，相信动物在二三千米的海底也能生活下去。不过，条件变了，动物的生活方式和身体结构也和我们平时见到的有很大的区别，有些甚至长得稀奇古怪。

有一些深海鱼变成没有眼睛的盲鱼了。可是，盲鱼怎样寻找食物呢？你瞧，有的盲鱼嘴巴特别大，一天到晚张着，不停地过滤海水，以便挣得一些食物；还有的盲鱼长了很长很长的胡子（触须），靠胡子来寻找食物，这些胡子是那样的灵敏，就连小动物的呼吸或者激起的声浪也能感觉出来。

另一些深海鱼类和盲鱼正好相反，眼睛特别大，鼓在外面，活像一具望远镜，借着一丝偶然射来的光线找一点可吃的东西。

有一种囊咽鱼，有办法囤积食物。它身体虽小，但能吞吃比自己大好几倍的动物，把肚子胀得像个大皮球，就算饿几天也没有关系。

还有一些深海鱼自带"灯笼"，行动就更方便了。本领大的，有"自备电灯"，它们身体内能够发出几十伏到几百伏的电，把小动物击毙。这种"自备电灯"，有红、蓝、绿的明亮光柱，像探照灯一样划破漆黑的海底。难怪在科学不发达的古代，人们创造了许多关于海底龙宫的美丽神话。

那么，深海动物是怎样适应巨大的压力环境的呢？或许它们都躲在又厚又坚硬的甲壳里面吧？其实不然。想想看，成千上万吨的压力，普通钢铁造的潜艇也会被压破，甲壳又有什么用？深海动物之所以能适应高压，是因为身体有特殊的结构，表皮多孔而有渗透性，海水可以直接渗透到细胞里，使身体内外保持压力平衡，这样，压力再大也就不怕了。

随着探测手段的不断提高，海洋调查覆盖的面积和深度不断扩大，人们在深海底不仅寻找到了生物，而且品种繁多。从 2000 年起，许多国家开展了海洋生物普查工作，在大西洋北部冰岛至亚速尔群岛之间的近四万平方千米的海底山脉，有了令人惊叹的发现：在坚硬的峭壁上，爬满了多姿多彩的海绵、海星、海参；在软泥中，生活着形状怪异的蠕虫，以及鱼、虾、蟹等；还有不少新的物种。尤其是在 2005 年，人们发现的浑身透明的"种子虾"、把粪便堆成螺旋状的"螺旋虫"、胃部能发光的海虫以及浑身发蓝光的灯笼鱼，都是人们不曾见过的新品种。参与调查的研究人员称："经过此次海底探测，我们发现这是一个全新的海底世界。"

八、海洋中的水流

├─ 海洋有血液吗

人的身体里有血液，它循环不绝，把养料输送到身体的各个部分，维持着鲜活的生命。

海洋里也有"血液"吗？有！

海洋里的血液就是海流，也叫洋流。它也循环不绝，把营养和能量输送到海洋的各个部分，滋润着海洋中的生命，调节着海洋和大气的冷暖，保持着海洋的稳定，维系着一个鲜活的海洋。要是没有海流，海洋将变成一潭死水。

什么是海流？

顾名思义，海流就是海洋中水的流动。但这是很模糊的概念，它既没有指出海流的时间变化，也没有说明海流的空间变化，更没有涉及海流的流动状况。起初，我们把海流看成是具有相对稳定速度的海水流动。但实际观测表明，不少海流的速度变化是很大的。于是有人说，海流是海中的河流。其实，河流与两岸泾渭分明，而海流的两岸仍是海水，界限极不明确。

那么，究竟什么是海流？

大量观测表明，海流的路线和速度因时因地而异，并且瞬息万变，有时很是集中，有时又会散开；有时快速而笔直，有时蜿蜒而旋转。因此，我们无法给出一条海流的确切的位置，也很难说明它流动速度究竟有多大，我们所能做的，只是从大量、长期而连续的观测资料中，求出其平均状态，确定其流速强的部位。

据此，作者认为，所谓海流，就是：平均流动状态相对周围海水具有较大流速的线状流动水带。

从这个表述可以看出如下几点：其一，海流是相对周围海水具有较大流速的水流；其二，海流具有时空变异；其三，海流的平均流动状态显示出它能构成一个流速较大且较明确的细长水流区域。

┣ 绞刑令的破产

了解海流，最早的方法是大量地往海洋里投放椰子壳或其他的密封小瓶，在里面放上卡片，写明投放的时间、地点、投放的单位或个人的地址。椰子壳或小瓶被海流带到远方，被人拾到后，要求把里面的卡片寄回给投放人，并请写明拾到的时间、地点和联系方法。根据这些资料，就可以粗略地了解海流的方向、路径和速度。但是，这样一种自然科学的研究方式，竟然在历史上引起过一场轩然大波。

　　1560 年，一位渔民在英国多维尔海滩拾到一个装有卡片的密封椰子壳。他不识字，就把卡片交给了别人。后来，卡片又转到一个英国官吏手中，并且送到了英国女王那里。然而，这张小小的卡片却使英国的统治者大为恼火，又是命令，又是告示，还要对拾到卡片的人处以极刑。

　　为什么一张从海洋里拾来的小卡片，竟会引起女王如此不安，要兴师动众晓谕全国？为什么要对拾到卡片的无辜者残酷迫害？

　　原来，这位渔民拾到的这张卡片，不是一张寻常的研究海流的卡片，而是一份秘密情报，密告荷兰人侵占了俄国在北极的一个岛屿。当时这三国有些什么勾结和争夺，外人并不知情，然而，这一秘密情报的泄露，却使英国人大动肝火。从此以后，严禁任何人私自打开从海洋里漂来的椰子壳或其他密封小瓶里的卡片。还专门设立了开瓶的官吏，规定凡私自启看瓶里的卡片者，一律处以绞刑。

　　这条毫无道理的绞刑令，理所当然地受到人们特别是海员、渔民和科学家的强烈反对，为废除它进行了许多斗争。终于，英王乔治五世统治时期，不得不宣布废除。

　　绞刑令破产了，利用海上漂流的密封瓶研究海流得以继续。

　　椰子壳也好，密封小瓶也好，目的都是一样，人们统统把它们叫作"漂流瓶"。

　　漂流瓶在人类认识海流的过程中大显神通，立下汗马功劳。如 1894—1897 年的三年时间里，人们就往海洋里投放了 3500 多个漂流瓶，获得了不少的海流知识。1899 年，在阿拉斯加外海投放的漂流瓶，漂流了 4000 千米后，经过 6 年时间，漂流到了冰岛沿岸。它告诉人们，海水平均每天流过 1.8 千米。在克尔格伦岛与塔斯马尼亚岛之间的海域投下的漂流瓶，2447 天后，又在澳大利亚外海找到了，流程 25670 千米，平均每天流动约 11 千米。1962 年 6 月 20 日在澳大利亚的皮尔斯投放了一批漂流瓶，差不多过了 5 年，有一些漂到了美国东海岸佛罗里达州的迈阿密，流程 21000 千米，平均每天 14 千米。

实际上，投放海洋漂流瓶和拾到漂流瓶的事是常常发生的，一直到现在也没有断。

┣ 漂流瓶送奥运祝福

2007 年 12 月，美国偏远的阿拉斯加州的一个小村庄的布兰德尔，在海边拾到了一个瓶子。瓶子里的纸上写着："我是海岸线学校区北城小学四年级的女生。这封信是我们科学调查作业的一部分，用来研究海洋以及了解偏远地区的人们。请寄回你收到这个瓶子的日期和位置，以及你的地址。我将给你寄去我的照片，并告诉你这个瓶子放进大海的时间和地点。你的朋友埃米莉·黄"。

埃米莉·黄得知此事后，目瞪口呆，简直不相信这是真的。她在接受媒体采访时说，这个漂流瓶是她在 1986 年投放的，都已经 21 年了，想不到 21 年后还会有人收到，真是一个奇迹。她对小时候投放的漂流瓶，在 21 年后得到音讯感到非常高兴。她说自己有很多朋友和同事也曾投放漂流瓶，但从来没听说有人得到过回音，"这种概率太小了，这可能是一辈子只能碰到一次的事。"

利用漂流瓶遥送祝福的故事也不乏其例。2008 年 8 月 9 日，在我国"南沙国门第一礁"南熏礁上，指导员向晓东把战士观看北京奥运比赛的感想和对祖国的祝福收集起来，加以整理，带领全礁官兵把这些资料放在漂流瓶里，面向祖国的方向投放出去。他说："北京奥运每一天的精彩赛事，每一个感人的瞬间，都是一段历史。我们把自己的心声写出来，期待捡到漂流瓶的人能和我们一起，铭记这段美好的时光。"这是多么崇高的情感！

除了投放漂流瓶，人们还利用一些自然漂浮物来研究海流。比如观测海底火山爆发后漂浮在海面的浮石，也可以帮助人们认识海流，算出海流的速度。1883 年，印度洋东部著名的喀拉喀托火山爆发后，根据浮石的漂流，人们认识到印度洋西部海流平均每天流动 15 千米。1952 年，美洲中部海外的圣·本尼德托岛上的一个火山爆发，264 天后，浮石又流到了威克岛。根据这些资料，人们计算出太平洋北赤道流的平均速率为每天 15.8 千米；而根据在比基尼岛海外爆炸的原子弹放射性污染物的扩散，测得这支海流的平均速率为每天 15 千米。两者是很接近的。

漂流瓶在人们认识海流的过程中发挥了很大的作用，但是科学发展到今天，人们并不满足于这种测量海流的方法。现在，已经发明了许多更好的测量海流的仪器，甚至可以利用人造卫星来观测海流，但漂流瓶仍不失为一种简便易行的好方法。如美国伍兹霍尔海洋研究所每年在美国沿海投放 1 万～2 万个塑料漂流瓶，用作研究海流的一种补充手段。如果读者有机会拾到漂流瓶，不妨按瓶中所提要求寄回卡片，这也是为海洋研究作贡献。

谁驱动了海洋的血液

既然海流好比血液，而人的血液是由心脏驱动的，那海流呢，由谁来驱动？

驱动海流的主要动力是风。在大规模、有规律的风的驱使下，海洋表面就形成了表面环流。

海洋表面环流，纵横交错，川流不息。虽说人们对它有了比较多的认识，要确切地道出它的详情，还真不是件容易的事。谁能说出世界上究竟有几条海流？谁能讲出海流的源头在哪里，尽头在何方？倘若说，这里就是海流的源头，为什么源头的海水流不尽？倘若说，那里就是海流的尽头，为什么那里的海水多不了？如果认为源头之处还有海水流来，又何以算得上流之源？如果认为结尾之处必有海水流走，又何以称得上是流之尾？然而，大自然做了巧妙的安排，无须我们找来多余的烦恼。原来，海洋里的表层海流，像许多巨大的漩涡，首尾相连，循环不绝；即无所谓头，也无所谓尾。

不过，事物总是一分为二的，海洋环流也不例外。在大漩涡的不同部分，由于气候、地理条件的不同，会出现比较明显的差别，如温度的高低、盐分的浓淡、流速的快慢、幅度的宽窄、厚度的深浅等。于是，人们又根据这些特点，把它们加以划分，冠以不同的名称，叫作某某海流或某某洋流。而各海流之间的界线，自然掺杂了许多人为的因素。

吹在海面的风，瞬息万变，杂乱无章。但是，能够使大规模海水产生稳定流动的，却是那些大规模的稳定风带。这些稳定的风带在海洋表层形成的海流，叫作风海流。但是，由于陆地的阻挡和地球自转的影响，海流变复杂了。

除风以外，其他原因也能引起海流。

当等压面与等势面发生倾斜时，便有压强梯度力出现，使海水产生流动，这叫地转流。例如，在河口地区，河水流入就会使等压面发生倾斜，形成地转流。

如果密度存在差异，水从高密度区流向低密度区，这就是密度流。

某一海区海水被大量带走，导致邻近海区的海水流来补充，从而形成补偿流。

补偿流也可在垂直方向发生。此时，若海水从较深处流向较浅处叫上升流；从较浅处流向较深处叫下降流。

寒流是相对周围海水具有低温特性的海流；暖流是相对周围海水具有高温特性的海流。这是相对标准，并非寒流的温度一定比暖流低。

├ 海洋的血液怎样流动

海流的流动状况基本上是首尾相连，循环不绝的，它们在海洋里不停地兜圈子，形成几个巨大的海洋环流。

在海流图中我们能清楚地看到：北大西洋和北太平洋各有两个海洋环流，一个是顺时针方向旋转的副热带环流，另一个是逆时针方向旋转的亚极地环流；南大西洋和南太平洋也有类似的情况，一个逆时针方向旋转的副热带环流，另一个近似顺时针方向旋转的亚极地环流。在赤道附近，都有一支自西向东的赤道逆流。

北大西洋的副热带环流由北赤道流、湾流、北大西洋流和加那利海流构成；南大西洋的副热带环流由南赤道流、巴西海流、西风漂流和本格拉海流构成。在北赤道流与南赤道流之间，有一支自西向东的赤道逆流。

太平洋的情况与大西洋类似。北太平洋的副热带环流由北赤道流、黑潮、西风漂流和加利福尼亚海流组成；南太平洋的副热带环流由南赤道流、东澳大利亚海流、西风漂流和秘鲁海流组成。北赤道流与南赤道流之间，也有一支自西向东的赤道逆流。

北印度洋的情况有所不同，它没有长年吹刮的信风，它的风向随季节改变，属于季风区域，所以海流的方向也有明显的季节变化。每年 10 月至次年 3～4 月盛行东北季风，海水向偏西方向流动，称为东北季风流。它在非洲海岸被阻，转向南，与南赤道流的北分支汇合，一起流向东方，形成赤道逆流。每年 5～9 月，风向变换，西南季风活跃，海流也就变成与冬季完全相反的西南季风流。此时，赤道逆流消失。

南印度洋的表层海流与南太平洋和南大西洋极为相似，存在一个亚热带表层逆时针方向流动的环流。环流的北侧为南赤道海流，西侧为阿古拉斯海流，南侧为西风漂流，东侧为西澳大利亚海流。

南印度洋的西风漂流是大西洋西风漂流的延续，与太平洋和大西洋的西风漂流连成一片。

北冰洋大多数海区的表层海流主要受局部风系所控制，夏季又受西伯利亚各河流及育空河流入的大量淡水的影响。但在挪威海和巴伦支海中，湾流系统仍有相当大的势力。

┃ 诗人拜伦的期望

海流对航行的影响早就为人们所熟知。1492 年著名航海家哥伦布驾帆船第一次横渡大西洋费时 37 天，而 1493 年第二次横渡大西洋时，由于偶然的机会利用了北赤道海流，顺流而西，结果只用了 20 天。从此，对海流进行调查研究，充分利用海流的便利，便成为航海家的一项迫切任务。

自从蒸汽船问世以来，航海家对海流的兴趣逐渐淡漠了。然而，1929 年，当时最先进、最豪华的轮船"泰坦尼克"号触冰山沉没后，航海家重新燃起了对海流的兴趣。因为冰山主要靠海流推动，要掌握冰山的行踪，无疑要加强对海流的研究。即使装有现代化导航设备的远洋轮船，也需要熟悉海流的情况，以便随时修正航向。现在人们利用海流的目的，不仅限于顺流航行节约时间，缩短运转周期，更重要的是节约燃料。如 1975 年美国爱克松公司的 6 艘航船利用湾流助航，全年节约石油 12500 多桶，资金 36 万美元。可见，无论古代还是现代，海流对航行的意义都是重大的。

海流的推力固然帮助了航船，但也把污染四散开去。近岸的污水被海流带至远海，虽然使近岸海域海水有毒物质的浓度降低了，但又把污染范围扩大了。要知道，海洋虽大，毕竟有限，大量污染物质如无节制地向海洋排放，势必超过海洋的自净能力，导致整个海洋被污染。更使人们忧虑的是某些海区、海水中的放射性物质的增加已造成了严重的结果。

新西兰东北方的克马德克—汤加海沟附近海域，曾发生一次并不十分强烈的地震，半个月后，太平洋南赤道海域漂浮着大量的死鱼。实地采样分析表明，这是由于海水被放射性物质污染造成的。不久，人们在克马德克—汤加海沟一带海底，捞起了一些储存放射性废料的容器。这清楚表明，容器里的放射性物质泄漏后，被海流带至远方，使污染不断蔓延。

据估计，到 20 世纪末，放射性废料的年产量已高达

1000 吨。如果把它们全部扔到海底，其放射强度要比整个海洋的自然放射强度高 60％。如果一味将海洋作为放射性废料堆放场所，不难设想，通过海流的媒介作用，整个海洋就将被放射性物质所污染。

在 19 世纪的时候，英国著名诗人拜伦就曾预言陆地上的某些不幸，从而把希望寄托于海洋。他写道："人们在大地上到处造成废墟，幸而有海洋阻止了他们的脚步。"可现在，人们也不顾一切地在海洋里造成废墟了，这岂是二百年前的诗人所能想到的？

抢海流一场空欢喜

1911 年，美国国会里展开了一场激烈的辩论，辩论的内容不是军费预算，不是财政开支，也不是总统候选人的提名，而是一件关于抢夺海流的提案。

抢夺海流？多么稀奇！恐怕读者难以置信，然而这是历史的事实，并非虚构。

议员为什么要抢夺海流呢？他们要抢的不是一支普通的海流，而是海洋里最强大的一支暖流——湾流。

大西洋中的南北赤道流，在圭亚那外海会合后，朝西北进入加勒比海和墨西哥湾，经佛罗里达海峡流出，沿大陆架向北流动。从哈特拉斯角近海开始，海水离开大陆架向东北流去，流至格兰德浅滩以南（约西经 45 度海域），始终保持着一条狭窄而明确的快速流带，这就是著名的湾流。

在海洋学中，人们常常把佛罗里达海流、湾流和北大西洋流合称为"湾流系统"，所以，湾流系统并非专指湾流本身。

湾流具有流速强，流量大，流幅窄，路线蜿蜒和流域广阔的特点。湾流最高流速可达 250 厘米/秒，平均流量 6300 万立方米/秒，最高达 9300 万立方米/秒，约等于世界河流流量总和的 20 倍以上。湾流长度约 3700 千米，流幅在 110 千米～120 千米，而高速带仅 74 千米，厚度约为 800 米。它的温度高，盐度大，透明度也大。8 月大部分流区的表面平均温度可达 28 摄氏度。大部分流区的表面盐度年平均值在 36.5‰。

湾流是海洋中最强大的暖流。湾流系统每年把巨大的热量输送到西北欧沿海，对英国和西北欧的气候的影响十分巨大，它使英吉利海峡两岸每 1 米长的土地得到相当于每年燃烧 6 万吨煤所产生的热量，比英国所有发电厂提供的热量还要多。这就是英伦三岛气候温和，冬天不冷，夏天不热的原因。在湾流系统的影响下，西北欧地区的年平均气温高达 10 摄氏度，而纬度基本相同的加拿大东部地区的年平均气温则为零下 10 摄氏度。

正当广大的西北欧人民享受湾流带来的温暖时，一些美国议员却在策划损人利己的事情，要把巨大而廉价的天然暖气管线接到自己家门口。凭着技术上的先进，他们拟定了一个抢夺计划，作为国会的一个提案，因而引起了一场激烈的争论。

怎么样才能把湾流抢到手呢？

原来，他们是想筑一条海上堤坝，把温暖的湾流挡住，迫使它改变路径，沿美国海岸流向东北，从而把别人享受的温暖抢过去。

议案一经提出，有人喜形于色，拍案叫好，认为这是一个绝妙的计划，将给美国带来许多利益。但是，也有人并不赞成，理由是，一旦湾流被迫改道，沿美国东海岸北上，那么，冬季寒冷的大陆与温暖的海洋之间，会形成一个明显的气压差。陆地冷，气压升高；海面暖，气压下降。空气从高压区流向低压区，在地转偏向力的作用下，使得风从陆地吹向海洋，结果美国大陆仍然享受不到这近在咫尺的温暖。于是，宏伟的计划像美丽的肥皂泡一样，破灭了，留下一场空欢喜。

过了近一个世纪，就在 21 世纪来临时，有学者认为，湾流不仅不能给美国带来温暖，就连已经给了西北欧的好处也保不住了，湾流将给西欧和北美造成严寒。

曾经，英国广播公司的电视频道播出了一部《严寒来临》的科普教育片，向观众预告了未来一百年间英国气候可能发生剧烈的变化，说英国气候将会急剧变冷，原因是湾流正在减弱。

为什么？

2007 年年初，法国一位学者表示，到 2100 年，湾流将减弱 30％，西北欧地区的年平均气温将下降 1 摄氏度，挪威海冬天会结冰，这将严重影响航运和渔业。而英国的气候也就不再冬暖夏凉了。

这位学者的根据是什么呢？海洋学家早已认识到，湾流通过格兰德浅滩后，稍有散开，汇入北大西洋流。其中一部分与从北方流来的拉布拉多寒流相遇，辐聚下沉，形成西北辐聚带。据此，这位学者认为，海水的辐聚下沉，是湾流得以维持的动力的一部分。但近年来，温室效应导致气候变暖，北冰洋的冰盖融化会降低寒流的盐度，从而使西北辐聚带处的混合海水的盐度也随之降低，密度减小，这样一来，辐聚带海水下沉就将减缓，推动湾流前进的动力变弱，湾流的势力也会相应减弱。科学家由此推测，西欧和北美的冬天将因此变得分外严酷，甚至可能与上个冰期相似。目前公布的研究数据表明，流经苏格兰北部的湾流海水的盐度确实在下降，而最近十几年中，湾流的强度已经明显减弱了。

┠ 踏着鳕鱼背走上岸

湾流不仅会把热量带走，对西北欧的气候产生巨大的影响，它与寒流相遇时，还会带来大渔场。

海洋中的主要渔场，不是位于寒暖流交汇区域，就是位于上升流区域。因为寒暖流交汇区域海水扰动强烈，海底或海洋深层的营养盐类上翻至表层，促使这一水域的饵料生物大量繁殖，成为鱼类觅饵的理想场所。同时，由于不同水流的交汇，各种海洋要素的水平差异较大，对鱼类起阻拦作用，从而使大量鱼类群集于此。世界四大海洋渔场就有两个与湾流系统有关。

湾流与拉布拉多寒流汇合，形成以盛产鳕鱼为主的西北大西洋纽芬兰渔场。湾流系统与东格陵兰寒流交汇，以及挪威暖流与北极寒流交汇的海区，是盛产鳕鱼和鲱鱼的东北大西洋渔场。另一个世界大渔场则是太平洋中的黑潮暖流和亲潮寒流的汇合形成的，这是盛产鳕鱼、鲱鱼、鲑鳟鱼、秋刀鱼和金枪鱼的西北太平洋渔场。

值得一提的是，位于加拿大近海的纽芬兰渔场，鳕鱼曾经多得不可胜数，有"踏着海中鳕鱼的背脊就可以走上岸"的美誉。于是，人们肆无忌惮地狂捕滥捉，贪婪地享受着海流带来的恩惠。然而，好景不长，到20世纪90年代初，渔业产量每况愈下，加拿大政府不得不于1992年下令禁渔。但欲壑难填，一纸空文又管什么用？捕鱼的疯狂程度丝毫未减。结果，禁渔令实施11年后的2003年，纽芬兰海域已难觅鳕鱼的踪影，曾几何时的繁荣渔场，差不多变成死水一潭，加拿大政府为此伤透了脑筋。

更要命的是，所剩无几的鳕鱼，它们身体内的基因正在发生变异，致使其生长和繁殖方式也随着发生变化。这意味着加拿大政府无论花多少钱，都不可能恢复"踏着海中鳕鱼的背脊就可以走上岸"的景象了。在这种情况下，加拿大政府只得宣布彻底关闭渔场，而举世闻名的纽芬兰大渔场，也从地理教科书上被永远抹掉了。

这是人类贪婪造成的恶果，是大自然对人类不讲科学的报复。

├ 蓝中带黑热力强劲

与北大西洋的湾流并驾齐驱的暖流，是西北太平洋的黑潮。它是在菲律宾东方由北赤道流转变而来。北赤道流在菲律宾以东近海转向后，大部分向北，从我国台湾省与日本与那国岛之间的水道进入东海，然后沿东海大陆架边缘流向东北，在日本九州以南的吐噶喇海峡流出东海，并沿日本列岛继续向东北流动，于北纬35度附近，离开海岸向东，直至东经160度。这就是黑潮。

黑潮因水色蓝中带黑而得名。一般将台湾东方至北纬35度这一段称为黑潮，而将其继续向东至东经160度的这一段称为黑潮续流（或黑潮延长线）。在北纬35度处，黑潮有一小分支继续向东北流去，至北纬40度附近与北方南下的亲潮汇合，一起流向东方。它带来热带海域高温高盐的海水，在其流动过程中，其温度始终比周围高，是一支著名的暖流。夏季表面水温在台湾东方可达30摄氏度，在日本南方仍可维持28～29摄氏度。冬季表面水温在台湾外海为22～23摄氏度，在日本南方也有20摄氏度。

在台湾东方，黑潮宽280千米，流速50～70厘米/秒，厚度400～500米。进入东海后，宽度变窄，只有150千米，但流速增至100～125厘米/秒，厚度也增至600米。

流出东海后，在日本九州东方仍保持此宽度和速度，但在四国岛潮岬外海，流速剧增，达 150～200 厘米/秒，宽度也增至 200 千米，厚度更达 1000 米以上。此处的流量为 6500 万立方米/秒。

黑潮对我国的气候和渔业有不可忽视的影响。黑潮在九州南部海域分出一个小分支，沿黄海东侧北上，再转入北黄海，进而穿过渤海海峡，向渤海流去，人称黄海暖流。尽管冬季渤海、黄海一带水温显著降低，源自黑潮的黄海暖流，仍然显出其高温特性，给沿途带来一些温暖。虽然它携带的热量远不及湾流那样多，但当它来到秦皇岛沿岸一带海域时，往往能使那里的水温保持在冰点以上，不致结冻。而渤海近岸许多海域却有冰冻现象。

黄海暖流的流速很微弱，每秒只有十几厘米，因此常被强大的潮流所掩盖，不易辨认。但根据温度、盐度等资料的分析，可证明它是存在的。尤其是近年来根据浮游生物的调查资料，发现黄海和渤海有热带大洋性浮游生物的种属，为它的存在进一步提供了证明。

人们还发现黑潮的平均位置与我国一些地方的旱涝有关。1953 年它的平均位置向南偏移了约 170 千米，就在下一年，江淮流域出现了百年未见的大水。1957 年，它的平均位置偏北了，第二年长江流域发生了严重的旱灾。1958 年，它再次偏北，又是下一年，长江流域再次干旱，同时华北有涝情。

├ 沸腾的海洋

一个平静而黑暗的夜晚，一艘海洋科学考察船在海洋上抛锚停泊。突然，一个奇怪的声音把船员惊醒了。大家赶忙来到甲板上，只见海面上浪花四起，无数的亮光在海中闪烁，成千上万条鱼、虾围着船儿乱转，发狂似的跳动着，时而冲出水面，时而没入水中，鲨鱼的鳍，海豹、鲸的背脊，在一片光亮中显得那样清晰。盛况持续了好几个钟头，直到第二天清晨，才平息下来。海洋恢复宁静以后，海面没有一条鱼的踪迹，只留下微微的涟漪和一片白色的泡沫。

是什么使海洋突然沸腾起来了呢？

原来，这是两支方向不同的海流相遇的情景。

当两支海流相遇的时候，海水互相冲突，就会显现出浪花和撞击声。人们虽然受了一次惊，但也发现了两支海流汇合的秘密。特别是寒流和暖流汇合的海区给人们带来了好处，使水温中和，不冷不热，适宜浮游生物大量繁殖，鱼虾和海鸟被吸引前来寻找食物，使这里变成良好的渔场。如我国最大的渔场——舟山渔场，就是海流交汇的地区。

黑潮暖流在我国台湾省转向流入东海后，在台湾东北角上分出一股支流，缓慢地向长江口一带流去，称为台湾暖流。它和长江入海以后沿浙江沿海流动的海流——沿岸流，在浙江舟山群岛一带相遇，舟山地方就成了个大渔场。

　　尤其是秋冬季节，沿岸流很冷，和台湾暖流相比，它是一支寒流，两者汇合后，使鱼群更加集中，成了舟山渔场最大的鱼汛期。在这季节里，海沸腾起来，人们也欢腾起来，庆祝渔业大丰收……

　　可见，海流与渔业的关系很大。

　　海流的路线虽然比较固定，但也有变化，它们汇合的地区不会总在一个地方，要按时准确地找到它并不容易。渔民通过无数次的生产实践积累了丰富的经验。到舟山赶冬汛的渔民以"白米米水"作为"流隔"（即寒暖流汇合处）的标志，就很有科学道理。因为沿岸流中夹带着许多江河的泥沙，颜色浑浊，台湾暖流来自外海，颜色深蓝，它们汇合时，海水的颜色呈现蓝中带白的"白米米水"了。

渔民还根据海面的浪花寻找"流隔"；机灵的海鸟常常成群飞来流隔一带，享受丰盛的美餐，这也成了人们寻找流隔的目标。当然，渔民捕鱼也不是光凭经验，有关科研部门和渔业生产指挥部门，会根据科学的分析，发布鱼群的信息，供渔民参考。

世界上许多大渔场，多数也是流隔区域，像大西洋的湾流和拉布拉多寒流汇合，形成盛产鳕鱼的西北大西洋渔场；黑潮和亲潮寒流汇合，形成盛产鲑鱼、鳟鱼、秋刀鱼的西北太平洋渔场以及西澳海流和西风漂流汇合形成的盛产金枪鱼的西南印度洋渔场等都是流隔区域。

像"流隔"一样，上升流也常会使鱼虾集聚起来，形成渔场。因为它带来海洋深处的养分和冷水，是冷水性的鱼虾生活的好地方。我国海南岛东北部的七洲洋一带海域，就是由于上升流，形成了盛产蓝圆鲹的七洲洋渔场。南美洲秘鲁沿岸的上升流，从一百多米深处升达海面，使鳀鱼等鱼类大量繁殖，成为拉丁美洲三大渔场之一，也是世界上有名的大渔场。

┣ 洋流影响气候

海流为人类带来许多利益，也带来一些灾害。

当秘鲁沿岸的海流源源不断地把大量营养丰富的冷水升到表面，大群冷水性鱼类在这里愉快地生活的时候，却往往有一支海流突然跑来打扰它们，这是一支小小的暖流，叫作厄尔尼诺。

厄尔尼诺的老家在太平洋东部，从赤道向南流动，行迹不定，非常神秘。有时候见不到它的影子，有时候又会突然闯到秘鲁沿岸来，使海水迅速变暖，带来巨大的灾难。当它来到秘鲁卡亚俄地区近海时，顷刻间，冷水性的浮游生物几乎全部丧命。虽然一部分鱼虾逃走了，但剩下的却难于幸免。不到几天，海面布满了海洋生物的尸体，腐烂的有机物分解产生大量硫化氢，海水腥臭异常，并且迅速变黑，就连过往的船只和附近的海滩也被染成黑色。大量海洋生物死亡，又使一些海鸟因丧失食物而饿死，或者弃幼鸟而远徙，使当地的鸟粪工业也受到巨大的损失。

不仅如此，随着厄尔尼诺的南下，秘鲁沿岸的雨水也突然多了起来。1925 年 3 月，特鲁希略地方的降水量为395 毫米，比往年 3 月的平均降雨量多 90 倍，倾盆大雨无疑会造成水灾和土壤侵蚀。1941 年厄尔尼诺再次来临时，雨量更大，灾害也更重。

秘鲁近海是一个上升流海域，在这里，海洋深处的冷水源源不断地从深处向上涌升。由于深层冷水的上升，使原来比较温暖的海面变冷了，所以，喜欢冷水的鳀鱼就大批大批地游到这里来，使这里成为大渔场。但是，当厄尔尼诺暖流闯来时，由于它带来赤道的高温海水，使冷水区的温度顷刻上升，冷水性的鳀鱼经受不住"酷热"，便大量死亡。然而，这一现象过去不十分显著，因而未引起人们的注意，所以一直鲜为人知。但是，一次次严重的灾难降临后，人们不得不对它刮目相看，仔细地研究起来。研究之后发现，这位不速之客常常在圣诞节后不久光临，于是人们就把它叫作厄尔尼诺，这是西班牙文，意思是"圣婴"。

后来，人们还发现，厄尔尼诺来临，不仅秘鲁沿岸的气候会突然变化，其他许多地方的气候也一反常态，该下雨的地方滴雨不下，一向少雨的地方却又大雨滂沱；该是炎热的季节出现低温寒冷，该是温暖的季节又出人意外地酷热，人们惊呼：地球发疯啦！

厄尔尼诺出没无常，总是突然而来，悄悄而去，很难找到规律。在 1953 年、1957 年、1963 年、1965 年、1972 年、1976 年，它先后出现过，每次都使全球许多地方的气候来了个大变化。如 1972 年和 1976 年出现时，热带和副热带的广大地区就经历了一场百年少有的寒冷，1976 年我国东北部就因低温反常气候，造成了几十亿公斤粮食的减产。

1982—1983 年，厄尔尼诺又一次出现，使地球上许多地区的气候又一次不同寻常。印度出现特大干旱，厄瓜多尔降雨量比平常大一百倍，秘鲁则遭到雪崩的严重破坏。

厄尔尼诺是一支不受欢迎的海流，也是一支神出鬼没的海流。为了探索这支海流的秘密，许多科学工作者在进行调查研究。科学家发现，厄尔尼诺发生的间隔有越来越短，发生的频率有越来越高的趋势。1791—1931 年的 140 年中，大约发生过 12 次，平均每 11.6 年 1 次。1941—

1983 年期间，间隔缩短，平均每 4.6 年 1 次。此后，间隔越来越短。如果从 1791 年计算到 2007 年，则 216 年中共发生 28 次，平均每 7.7 年 1 次；而从 1991—2007 年，短短的 16 年就发生了 6 次，平均 2.6 年就有 1 次。厄尔尼诺发生得越频繁，气候反常的现象就越多，带给地球的灾难也会越重。

世界上许多事物都有正反两个方面，厄尔尼诺现象竟然也是如此，它的反面现象叫"拉尼娜"，是"小女孩"的意思。厄尔尼诺是赤道太平洋东部海水异常变暖的现象，而拉尼娜则是赤道太平洋东部海水异常变冷的现象。拉尼娜也会引发气候异常，但其规模、强度和出现频率都要弱于厄尔尼诺。

▎ 洋流能发电

洋流不仅流量大，而且稳定，用它来推动水轮机，从而带动发电机发电，是近年来各国能源开发创新的一种尝试。其实，流能的开发利用与风能的开发利用，它们的原理是一样的。风能发电早已在许多国家实现，2007 年 4 月初，在上海郊区也已成功地应用了，并用于路灯照明。但是，洋流发电在技术上要比风力发电难许多，因为洋流的流量虽大，但流速太小，流幅又太宽，能量分散，不易提取。湾流和黑潮两支最大的洋流，其最大流速也不过每秒二三米，而陆地上有些地方的风速，一年中有相当长一段时间达每秒十几米甚至更大，而且比较集中，易于提取。正因为如此，洋流发电的研究试验工作进展缓慢。

但是，随着能源的日益紧缺和价格的昂贵，随着污染日益严重以及温室效应的增强，人们不得不重新考虑包括洋流能在内的新能源的开发利用。洋流蕴藏的能量是巨大的，据估算，全世界洋流总能量达 50 亿千瓦，这是一个很大的数字。仅墨西哥湾流的发电能力，就相当于美国发电能力的 2000 倍。而且，提取洋流能，基本上没有什么污染。再说洋流一年四季奔流不息，是一种可以不断提取的再生能源。因此，包括我国在内的许多国家都在积极研制和试验，提出了许多方案，有降落伞式，科里奥利式；有贯流式，螺旋桨式；还有花环式等等。

当 21 世纪来临时，开发洋流电力的步伐加快了。2007年初，世界首台洋流发电机组在意大利南部墨西拿海峡与意大利国家电力公司的电力网实现并网发电。

意大利洋流发电近十多年来一直引起欧盟及联合国相关机构关注。从 20 世纪 90 年代起，该项目就得到欧盟资助，逐步在意大利及欧盟国家沿海试验。2001 年研发出样机，并进行试运行，现在已推广到中国、印尼和菲律宾等国。

2006 年 11 月，我国与意大利在罗马签署了洋流发电生产和应用合作协议，合作制造一套洋流发电的水轮机样机。这个项目得到了联合国工业发展组织可再生能源项目的支持。而在此前不久，2006 年 5 月，我国浙江大学就自主研制成功一台海流能源利用装置——水下风车模型样机，并在舟山地区岱山县海域进行试验并发电成功。其设计额定功率为 5 千瓦，流速 2 米/秒时，转速为 50 转/分钟。由于转速较慢，所以不会产生巨大噪声，也不会挡住视线，鱼类仍可在叶轮附近游动。它不需要建大坝，所以很环保。

2007 年 3 月，菲律宾科技部宣布，它们与联合国产业发展组织以及意大利政府合作，开发圣贝纳迪诺海峡的海流发电项目，由意大利提供涡轮机。圣贝纳迪诺海峡在菲律宾中部，位于吕宋岛和萨马岛之间。这个设备的输出功率，是该国风力发电能量的 4 倍，而建设成本和维修成本都较低，对环境没有负面影响。

日本海上保安厅灯台部也已在明石海峡航道中央安装了海流发电浮标灯。他们从 1993 年开始研制，经过 9 年研制成功，到 21 世纪初已投入使用。

九、海洋中的潮汐

├─ 大海有呼吸吗

大海有呼吸吗？有！它就是海潮。你看，海水每天按时涨落，不是很像在"呼吸"吗？

海水的涨落主要是由月球的吸引力造成的。月球的运动很有规律，所以潮水的涨落也很有规律。千百年来，人们早已熟知海面每天按时涨落，并且经过长期的观察，得知这种涨落与月球有关，但始终不知此中的所以然。自从牛顿发现了万有引力定律，这个长期困扰着人们的问题才得到了科学的解答。

简单地说，海潮现象就是由于月球对地球上的海水的吸引力以及月球有规律运动的结果。但这只是十分模糊的解释，人们还很难从中领悟其要义。因为如果只想到月球对地球的吸引，那么，当地球上的海水被吸向月球一侧并且鼓胀起来时，地球上所有地方的海面都只有一次涨落，但事实并非如此。如果我们把月球和地球看作一个统一的运转系统，那么，对海潮的理解便可深入一步。

　　事实上，在地球—月球这个系统中，月球和地球都要绕它们共同的质量中心做圆周运动，周期为1个月。这样一来，地球上的海水除了受到月球的引力外，还要受到离心力的作用。在地球中心，这两个力大小相等，方向相反，保持平衡，所以月球和地球既不会越来越近，也不会越来越远。而在地球其他的地方，这两个力大小不等，方向也不同，从而形成了引潮力。

　　在朝向月球的半面，吸引力大于离心力，所以引潮力指向月球方向；在背离月球的半面，离心力大于引潮力，所以引潮力背离月球的方向。这样一来，在引潮力作用下，海水便流向朝月球与背月球两个方向，使海面变成一个椭球形状，叫作"潮汐椭球"。

　　由于地球的自转，一固定地点的海面便将发生周期性的涨落，一天两次最高，两次最低，两次最高的高度和两次最低的高度分别相等，并且从最高值到最低值以及从最

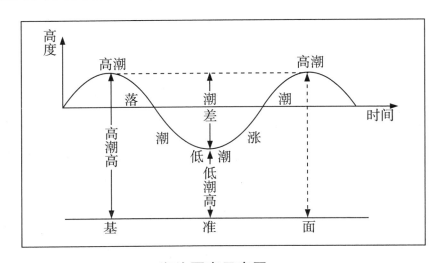

潮汐要素示意图

低值到最高值的时间间隔也相等，形成正规半日潮。

如果月球不在赤道上，潮汐椭球便不对称，由于地球的自转，除赤道仍旧为正规半日潮外，其他地区的海面会出现日不等现象。有的地方，在一天内虽然也出现两次高潮和两次低潮，但两次高潮的高度不相等，涨潮时和落潮时也不等，这就是不正规半日潮。月球所在的纬度越高，日不等现象越显著，有时一天只发生一次潮汐涨落。如果在半个月内，有连续 1/2 以上天数，一天只有一次高潮和低潮，而其余日子里则为半日潮，这种类型的潮汐，称为日潮。

太阳对地球也有引潮力，也能产生潮汐。太阳的质量虽然比月球大得多，但因距地球太远，所以太阳的引潮力比月球的引潮力小。根据计算，月球最大引潮力为太阳的 2.17 倍。实际的海洋潮汐应该将两者加在一起。

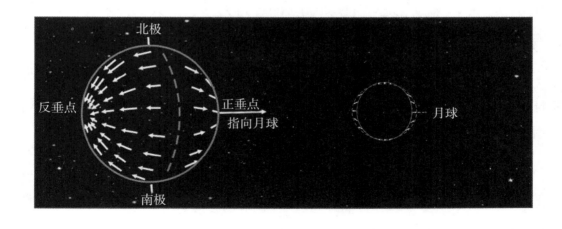

引潮力示意图

┝ 大潮和小潮

农历每月初一，月球绕地球转到地球和太阳中间，称为朔，也叫新月；每月十五、十六，月球转到与太阳相对的一面，称为望，也叫满月。在朔望时，月球和太阳位于地球的同一方向，其所引起的潮汐椭球的长轴方向一致，因而它们引起的潮高相互叠加，形成朔望大潮，是一个月里潮汐最大的时候。每月初七、初八，和二十二、二十三，月球和太阳相对地球的位置成直角，谓之上弦和下弦，它们引起的潮汐椭球长轴相互正交，因之潮高相互抵消一部分，形成两弦小潮，是一个月里潮汐最小的时候。这就是在半个月所以出现大潮和小潮的缘故。

在多数地方，大潮发生的时间，比引潮力最大的时间稍有延后，就是说，在新月和满月之后一天或两天，才会有真正的大潮发生。

潮汐的涨落主要取决于月球的运动，我们讨论潮汐所用的时间以月球为标准更加方便，而以月球为标准的时间就是"太阴日"。

所谓太阴日，是地球以月球为中心标准自转一周所需的时间。因为月球绕地球自西向东作公转运动的速度比地球绕太阳的公转速度快，在地球自转360度后，月球在公转轨道上前进了约13度。这样一来，对地球上的一个固定地点来说，从它第一次处于对月点的位置转到第二次又处

于对月点的位置所需的时间，比地球自转一周所需的时间
（24 小时）长一些。所以先后两次对月位置的时间间隔约
等于 24 小时 50 分，也就是一个太阴日。

从这里我们可以看出，潮汐涨落不是以 24 小时为周
期，而是以 24 小时 50 分为周期，即潮水每天要"迟到"
50 分钟。

├ 海潮波动不息

上面讲述的海潮形成的理论，是基于力的平衡条件下
提出的，称为海潮的静力理论。静力理论可以解释许多海
潮现象，并且可以根据实测资料，用调和分析的方法，进
行准确的潮汐预报，因此，尽管它有不少缺点，但迄今仍
沿用不衰。实际上，海水在受力的过程中要产生运动，不
可能处于平衡静止状态，所以，如果把海水在引潮力作用
下出现一个运动过程来看待，对海潮的研究会更加合理。
这样，海潮的动力理论便提了出来。

动力理论认为，对海水的运动来说，只有水平引潮力
才有重要性，而垂直引潮力所产生的只是重力加速度的极微
的周期变化，故不重要。在月球和太阳水平引潮力的作用
下，海水将产生周期性的波动，形成潮波。潮波在海洋中不
断地运动，当波峰到达时，发生高潮；当波谷到达时，出现
低潮。既然是波动，波动中的水质点必然有水平方向的位
移，于是，在海面垂直涨落的同时，海水也会在水平方向流

动，形成潮流。在静力理论中，是无法解释海洋中实际存在的潮流现象的。因此，我们所讲的海潮，它包括两种现象，一是海面周期性的垂直涨落，叫做潮汐；二是与涨落同时发生的海水在水平方向的周期性流动，叫做潮流。

动力理论除了把海水的运动看成潮波，还考虑了海洋的形态（深度和宽度）、地球自转产生的地转偏向力与摩擦力的影响，甚至连共振、驻波等因素也加进了，所以它更加科学，更有发展前途。河口区的潮差往往都很大，这种现象用海潮的静力论很难解释，而用动力理论的潮波概念解释则比较容易。

├── 远离大海也有潮

当潮波传至河口，会溯河而上，引起河口地区及相当长的一段河道出现潮汐涨落，成为感潮河段。由于河口地形复杂，河道浅而窄，弯曲多变，加之又有河水不停地下泄，潮波受到很大的影响，产生严重变形。

潮波在开阔海洋中传播时，虽然传播速度要受到水深的影响，但因潮差不大，波峰与波谷的速度相差不多，潮差变形不显著，但在河口海域，由于水浅，波峰与波谷的速度有很大的差异，结果使潮波前面的坡度变陡峻，后面的坡度变平缓，从而使涨潮的时间缩短，落潮时间拉长。潮波越是向上游传播，由于河水的阻挡和摩擦作用，能量消耗越多，因而潮差就越小。

潮波传至长江口并溯河而上时，这些现象都很明显。如在吴淞口，涨潮时间为 4 个半小时，而落潮时间近 8 个小时；南京涨潮时间为 4 小时，落潮时间则近 9 个小时。这是潮波变形的生动实例。再如，吴淞口的平均潮差为 2.3 米，到江阴减为 1.6 米，到南京则只有 0.5 米了。然而芜湖仍能有潮汐涨落感，只不过潮差十分微弱，只有 20 厘米左右。枯水季节，由于河水流量减弱，感潮河段还要延长，可达距河口 700 千米的安庆。

千里波涛滚滚来

钱塘潮是我国最壮观的潮汐现象。钱塘江口呈喇叭形河道渐渐收拢，至盐官附近，急剧转弯且骤然变窄，潮波传至此处，波峰已赶上波谷，潮头像一堵水墙笔直地向前推进，卷倒、破碎，形成壮观的海宁（今盐官镇）潮，潮差可达 9.5 米。每年农历八月十八，潮水尤其雄伟，如万马奔腾，气势磅礴，吸引无数游客前来观赏。现在，我国每年农历八月十八都要举行为期 4 天的"中国国际钱江（海宁）观潮节"，很是热闹。

许多名人也爱观潮，不少人观潮后留下了赞美的诗句。我国唐代诗仙李白观潮后，曾写下名句：

八月十八潮，
壮观天下无。

鲲鹏水击三千里，

组练长驱十万夫。

红旗青盖互明灭，

黑沙白浪相吞屠。

人生会合古难必，

此景此行那两得。

伟人毛泽东于 1957 年 9 月 11 日（农历八月十八）曾来盐官观潮，并写下了《七绝·观潮》：

千里波涛滚滚来，

雪花飞向钓鱼台。

人山纷赞阵容阔，

铁马从容杀敌回。

民国著名诗人徐志摩也曾于 1923 年 9 月 28 日（农历八月十八）与胡适等人一同前往海宁观潮，并做东以家常菜饷客。三荤三素一汤：炒虾仁、水晶蹄膀、粉皮鲫鱼，小白菜、芋艿、红菱烧豆腐，还有芙蓉蛋汤。连船钱和小费在内，总共才花费 4 元，皆大欢喜。

├ 月亮送来的礼物

潮汐和潮流有巨大的能量，可以开发利用。古时候人们不了解这一点，以为潮汐的涨落可以由王命来控制。比如一千多年前的卡纽特国王，他是当时挪威、丹麦和英国的君主。他知道他的命令左右不了潮汐，可他的朝臣却坚持认为他们的君主能支配一切。于是，卡纽特穿上王袍，戴上王冠，手执宝杖，坐在一张长腿宝座上，命令他的朝臣在低潮时把他抬到海边，等待潮水上涨。当潮水向陆地滚滚冲来，淹没海滩，朝臣都浸泡在海水中时，国王举起他的宝杖，在他那高高的、尚未浸湿的宝座上发出雷鸣般的声音："停！滚滚而来的海水，退！"

当然，上涨的潮水既没有停下，也不会后退。震撼海洋的潮水是不受人类指挥的，它是由月亮和太阳的引力所控制的。所以，人们开发利用潮能，是月亮和太阳送来的礼物。

潮能利用主要是潮汐发电。潮汐发电是人类开发利用最早的海洋能。它的原理与水力发电相似，主要是建造一个蓄水库，涨潮时将海水贮存在蓄水库内，以势能形式保存。然后，在落潮时放出海水，利用高、低潮位之间的落差，推动水机，再带动发电机发电。它的功率与潮差和水库的面积成正比。

和水力发电相比，潮汐发电的能量密度很低，相当于微水头发电的水平。所以，选择建立潮汐发电站的地点，最主要是看它的潮差。一般来说，平均潮差在3米以上就有开发利用的价值。

世界上潮差最大的地方是大西洋沿岸的芬地湾，朔望大潮可达 18 米。英国海岸潮差也很大，布里斯托尔湾达 11.5 米，利物浦 8 米，泰晤士河口 6.3 米。冰岛沿岸潮差也较大，4～5 米。太平洋沿岸许多地方的潮差可超过 7～9 米。但整个说来，东岸潮差大，如阿拉斯加的科克湾为 8.9 米，巴拿马湾和加利福尼亚湾在 9 米以上，智利群岛附近水域为 8 米。西岸鄂霍次克品仁湾潮差可达 11 米，中国钱塘江 8.9 米，韩国仁川港 8.8 米，中国福州 7 米，澳大利亚东岸 2～4 米，日本海俄罗斯沿岸 2.5 米。印度洋沿岸潮差最大的几个地方是：坝贝湾北端 10.8 米，仰光 7.3 米，达尔文港 6.8 米，贝拉 6.2 米，桑给巴尔 4.4 米。

全世界海洋潮能蕴藏量非常大，初步估算为 30 亿千瓦，每年可发电 2600 亿度，我国沿海和海岛附近可开发的潮能约有 2179 万千瓦，年发电量 624 亿度。虽然潮能开发的历史可追溯到中世纪，但有规模的研究开发还是始于 20 世纪 50 年代。目前，潮汐发电的主要研究与开发的国家是法国、俄罗斯、加拿大、中国和英国等。世界上第一个大规模的潮汐电站是法国的朗斯潮汐电站。

革命性的工程

1967 年底，在大西洋英吉利海峡圣马洛湾的朗斯河口，法国的一项新的工程竣工了。人们从四面八方涌来参加庆贺典礼。岸上彩旗招展，人声鼎沸，一辆辆颜色鲜艳的小轿车在宽阔的道路上欢快地奔驰。从建筑物里传来巨大的轰鸣声。与此同时，法国各电台、电视台也都在转播这一盛典的实况。他们向全世界宣称，说这是法国人建成的革命性工程，世界第一的了不起的工程。

这是什么工程？这是一座新型的发电站——朗斯潮汐发电站。即使是时隔40年，它仍旧风姿绰约地耸立在法国布列塔尼海岸，俯视着波涛汹涌澎湃的英吉利海峡，保持着世界第一的荣耀。

为了建造这座电站，法国的工程师经过充分考虑，从22个可能的地址中选取了朗斯河口。这是一个很理想的地方，潮汐性能令人赞叹，每秒流入河口的水量达17900立方米，平均潮差8.5米，最大潮差达13.5米。潮头常以每小时90千米的速度向上游推进，人们驾车也往往追赶不上。

当然，建造这么庞大的工程并非一日之功，人们已经对它谈论、调查和研究达半个世纪了。要建成这样一个巨大的工程，首先需要制造巨大的涡轮发电机，然后要发展建造巨大装置的技术。更不能忽视高达1亿美元的预算，这在当时是一笔巨款。不过，这一切都没能难倒建设者，他们下决心克服一切困难，一定要把工程建好。

工程一开始，巨大的热情便席卷全国。宣传活动也即时跟上了，声称工程是"一个空前的成就"。电台宣称这是一个"世界第一的革命性的工程。我们正在生产法国式的电力——实际上不依赖月亮时间表的潮汐电能……它的运转节奏与人类的活动更协调一致。"

　　法国电视台播放着人和机器把田园诗般的河流景色改造为工业杰作的影片。在建造电站的 6 年里，他们拍摄了操作推土机的工人，轰鸣的挖掘机，发出碾轧声的起重机和水泥搅拌机的影片。片中展示了地质学家检验岩层钻孔、水利工程师研究潮流强度和方向以及手持设计图的建筑师核对沉箱装置的情景。他们把摄影机镜头对准下沉到河床的桩腿、坝堰和水库。

　　影片的播映，大大激起了工人和技术人员的干劲儿，也使全体法国人民受到鼓舞。

　　6 年的艰苦奋战，赢来了丰硕的成果。

　　1967 年，朗斯潮汐发电站终于竣工了。挡水坝、发电厂和水闸全部安装完毕，大型单贮水库注满了水。坝顶边的双向车道上挤满了颜色鲜艳的小汽车，它们在马路上奔驰。

　　在水坝里面，装有 24 台可逆式涡轮机组，每一台的功率为 10000 千瓦，总功率为 240000 千瓦。一年的发电量为 54400 万度。每一台都能作为涡轮机或水泵工作，在涨潮和落潮两个方向都能发电。

　　进潮时，每一台涡轮机面向河口，而当潮水转向时，涡轮叶片也跟着转向，一直转到面对退潮的方向为止。由于涡轮机具有抽水的功能，所以当涨潮时，用水泵抽水，水库的水涨得就更快；落潮时，海水推动涡轮机反方向转动发电，此时，水泵仍继续向水库泵水，使水库在停潮时仍能维持一定的水位差，继续发电。

通过电脑程序，控制了潮流不规则的问题。

拦河坝上的马路把远近的车辆吸引过来，夏季月最大通车量为 50 万辆。拦河坝还把河口变成人工控制的湖泊，大大改善了驾驶游艇、防汛和防浪的条件，年吸引游客达 20 万人次。

世界各国纷纷发去贺电，祝贺人类找到了一项新的能源。

40 多年来，朗斯电站运转良好。由于增加了泵水的能力，电站输出逐步增加。眼下，它发出的电力可以满足一座 30 万人口的城市的需要。工程负责人表示，一个同等规模的燃气发电站，每年向大气排放的二氧化碳达 11.5 万吨，而潮汐发电则是清洁的能源，是"蓝色的煤矿"。

朗斯潮汐电站的建成，让各国看到了潮能开发的巨大潜力，兴建潮汐电站掀起了热潮。

就在世界各地的贺电将要发到法国时，世界上另一个潮汐电站已初具眉目。它就是苏联于 1968 年在巴伦支海靠近摩尔曼斯克的基斯拉雅湾建造的潮汐实验站，功率为 400 千瓦。

为了降低成本，苏联人采取了一种革新的方法，他们并不在当地进行所有的建造工作，而是在摩尔曼斯克附近的一个条件较好的普利卡特干起来。他们使用单向可逆式球形涡轮机，在一个浮箱上建造了一个预制的发电站。然后，他们把浮箱用拖船拖到基斯拉雅湾事先建好的堰坝，沉放在湾口，定位系牢，与预制的坝段相接。由于不必建造防水堰和工作场地，因而费用低廉，但成就是巨大的。苏联人夸耀地说，他们迟早会有能力把冰封的北冰洋开发为工业开发区和新住宅区。

苏联的这项工程证明，建造更大的潮汐发电站并把它拖到远距离和孤立的地方去，在技术上是可行的。

加拿大于1984年在安纳波利斯建成了一座单机容量为20000千瓦的世界上最大的机组。建站的主要目的是为将来在芬地湾建造大型潮汐电站提供技术依据。

┃ 我国的潮汐电站

我国是世界上建造潮汐电站最多的国家，20世纪50～70年代，先后建造了近50座潮汐电站，但至今只有8座仍在正常运行。

江厦潮汐电站是我国最大的潮汐电站，于20世纪80年代中期建成，是试验性单库双向式，位于浙江省乐清湾顶端江厦港。实际装机5台，1台500千瓦，1台600千瓦，3台700千瓦，总容量3200千瓦。这里的最大潮差8.4米，多年平均潮差5米，自建成至今运转良好。

电站工程兼有围垦、养殖和交通等综合效益。库区围涂面积3.73平方千米，其中可耕地2.67平方千米，已全部开发，种植水稻、柑橘、番茄、大豆和花生等农作物。

围区内还有一部分水面用于对虾养殖，在电站1.6平方千米水面发展鱼虾和贝类养殖。电站堤坝还改善了两岸的交通。这里已成为一个很好的风景旅游区。

我国潮能十分丰富，估计可供开发的达 3600 万千瓦，年发电量 900 亿度。潮汐资源主要分布在浙江、福建沿海和长江北支，其装机容量约占全国潮能总容量的 92%，这一带是建大、中型潮汐电站的好地方，而其他地方则以建中小型为宜。

├ 大桥借潮分身

当你乘船进入上海黄浦江吴淞口的时候，远远就看到右岸高耸着一只大"钟"，可是它指的"时间"和所有的钟表都不一样。

这不是一只普通的"钟"，这是一只用来指示潮水高度的特别"钟"，是为航行安全而设立的。

上海是我国最大的港口，每天有成百上千条大大小小的船只频繁往来。有鱼虾满舱的渔船，满载旅客的客轮；有运载钢、煤、粮、棉的货船；还有许多万吨远洋轮，吴淞口是它们的必经之地。

为了航行和靠、离码头的安全，了解潮水涨落的高度是非常重要的，对吃水（船体沉在水下面的深度）深的大船尤其是这样。如船的吃水深度小于水深时，可以安全通过；如果船的吃水深度大于水深，那就要等更大的潮水到来才能进出港。有了这只大"钟"，问题就解决了。

有一点必须注意，大"钟"指示的数字只是潮水的高度，不是江水的实际深度。要知道吴淞口当时的实际水深，必须把潮水的高度加上吴淞口的基本水深才对。基本水深可以在海图上查到（叫海图水深），因为基本水深是一个固定不变的数，所以只要了解潮水的高度，水深就可一目了然。

举个例子来说吧。有一艘吃水 8 米的船只进入吴淞口，水手们见到大"钟"指示的数字是 2.5 米，再查看海图，基本水深是 7.5 米。那么，当时的实际水深就是 10 米，比船吃水深度大，船只就可以安全通过。对于另一艘吃水 10 米以上的更大的船只，那就不行了，它必须等待潮水涨得更高的时候进港。

在一些水浅的港口，潮汐的涨落对船只进出港口更是重要，不仅大船，就是中小型船只，也要密切注意潮水的动向。

潮水涨落规律不能改变，但是，我们可以根据潮水涨落的特点，利用潮水。例如在上海港，过去，潮水一来，各种驳船齐往码头靠，货物上下穿梭，号子声、吊车声此起彼落，虽然装卸工人争分夺秒，还是忙不过来；一旦潮落，码头边水浅泥露，驳船难靠，有力无处使，只好干瞪着眼等涨潮。后来，人们利用潮汐涨落的规律进行船只调度，赢得了时间，大大提高了经济效益。有一次，涨潮期间，大家正在卸一艘百吨大驳轮，刚卸了一大半，岸边防汛墙上的水迹印已显示出潮水开始下降。这时，外档还停着一艘大吨位的驳船。眼看又将出现压船了，怎么办？于是人们让卸了一大半的驳船迅速离开，先抢卸外档那条大驳船。他们当机立断，迅速调档，赶紧卸货。当大驳船货全部卸完时，潮水退了一半。于是大家又回过头来抢卸未卸净的那艘驳船。等两艘船全部卸完，已接近低峰的潮水，刚好送空船离岸。群众在实践中创造了"抢潮水，插档巧卸两艘船"的经验。

即使到了 21 世纪，海洋科学有了很大的发展，利用潮水涨落规律仍然十分重要。2008 年 4 月 6 日中午，上海黄浦江、苏州河口出现了奇观，耸立在这里的百年外白渡桥借潮分身了。

外白渡桥是上海的一个标志，已经一百岁了。为了保护这座著名的历史建筑，上海决定对它来一番整修，要修旧如旧，保持原来的风貌。这样，就必须把桥拆下来，送到船厂去检修。可是，千吨重的钢铁大桥，怎样才能搬动它呢？于是，人们想到了潮水。先把大桥一分为二，再把千吨驳船开到桥下，等涨潮时驳船将桥身顶起来，离开桥墩。

6 日上午 9 时 10 分，两艘拖船将驳船拖至外白渡桥南桥体正下方，不久，潮水便如计算预期的那样，准时上涨。不到 10 点，不断上升的驳船就把南桥的桥身顶起来了。桥身一离开桥墩，拖船就立即拖走驳船，稳稳当当地送到船厂。第二天，又如法炮制，顺利地把北桥的桥身也搬走了。

这是又一个成功地利用潮汐为人类服务的例子。

├ 一对双胞胎

潮涨的时候，海面上升，必然有海水流来；落潮的时候，海面下降，海水势必又要流走，于是，伴随着潮汐的涨落，发生了海水在水平方向的流动，叫作潮流，它和潮汐是一对"双胞胎"。

潮流和海流大不一样。海流的速度和方向比较固定，潮流的速度和方向随时都在改变。最简单的情形是：涨潮时它流进来，落潮时它流出去。由于地形、海区的轮廓和地球自转的影响，潮流变得很复杂，潮汐涨落一次，潮流的方向就得旋转三百六十度。

潮流对军事、渔业和航运有很大的影响。有一种触发式水雷，敌舰触到能引起爆炸。这种水雷是用绳索系住布在水面下一定的深度，变化不定的潮流会使它偏离原来的位置，结果起不到应有的作用。同样，发射鱼雷，如果不知道潮水的方向和大小，就不能正确地命中目标。

生活在海底的底层鱼类，渔民采取拖网捕捉，捕获量的高低与潮流也大有关系。如果在大潮的时候下网，因为大潮流速大，容易把海底的泥沙搅起，使海水变浑，底层鱼类经受不住浑浊而剧烈动荡的海水，纷纷起浮避开，鱼群分散，捕获量就少了。小潮下网，流速小，鱼群集中，捕获量就能显著增加。

捕大黄鱼就不一样，它是生活在海洋中上层的鱼类，就用围网捕捞。吕泗渔场等地的大黄鱼喜欢在潮流大时集群产卵，这是捕捉的好时机。浙江岱巨洋、大目洋、猫头洋等渔区，也都是在夏季大潮汛时捕大黄鱼。

东海中部及长江口等海区，冬、春季常会出现上、下水层潮流方向不一致的情况，造成失网或网筒倒翻的现象，给作业带来不少困难。航行的船舰，顺流可以增加速度，节省燃料；逆流则会减慢速度，不能按时到达目的地，影响任务完成。不了解潮流的方向，船舰有可能偏离预定的航线，发生搁浅和触礁事故。

潮流也可以发电，而且潮流电站毋须建水库，直接利用水流推动安装在海底或海中的水轮机，因而它造价低廉且无污染。2005 年底，我国在浙江岱山建成了首座潮流发电站，功率 40 千瓦，亚洲第一。这个试验站采用的关键技术和独立发电系统达到了国际先进水平。

据联合国教科文组织估计，全球蕴藏的可开发的潮流能总量为 30 亿千瓦，而舟山群岛一带大部分海域潮流速度在 2～4 米/秒之间，其可开发的潮流能占全国的 50％以上。因此，联合国工业发展组织对岱山潮流能发电项目十分看好，打算在此再建一个功率为 120 千瓦～150 千瓦的潮流电站，进一步推动潮流能资源的开发。眼下所建的岱山潮流电站被评为全球可再生能源领域最具投资价值的十大领先技术之一。

英国政府为实施减少二氧化碳排放计划，资助一家公司在其北部海域雪特兰群岛附近试验一种新型的潮流发电装置，2007 年 9 月完成。装置安装在海底，高出海底 20 米。水轮机的叶片与机翼相似，翼展为 15 米。在流速 2～3 米/秒的海中工作。每台设备功率为 150 千瓦。2008 年，英国又在北爱尔兰的斯特兰福特湾的潮流中，建了一个名叫"海洋情报"的潮流发电站，上面装了 2 个涡轮机，可提供 1.2 兆瓦电量。

十、海洋中的波浪

├─ 海的胸膛在搏动

在海洋中，海浪无时无刻不在跳跃，仿佛是海的胸膛在搏动，这就是海洋的脉搏。

海浪是人们最早熟知的海洋现象之一。十九世纪以来，由于航运事业的发展，海浪导致的海损事故不断增多，因而引起人们对海浪的重视。

在冬季的寒潮、夏季的台风或飓风的影响下，大浪常常成为航行的障碍，甚至现代化的巨轮，也担心有沉没的危险。

1933 年 2 月 7 日，美国军舰"拉马坡"号在太平洋中部风速 35 米/秒的情况下，观测到了波高 34 米的海浪，这是迄今已发表的可信赖的最大波高。

海浪的破坏力是惊人的。第二次世界大战期间，盟军在诺曼底登陆时，就由于一次不大的风暴而损失了 700 艘登陆艇。1952 年，一艘美国货轮在意大利近海被巨浪折成两半，一半连同 4 名船员于海上漂泊，另一半被抛上海滩。

在法国契保格海港外，海浪曾将 3.5 吨的石块抛过 6 米高墙。在荷兰的阿姆斯特丹，海浪曾把 20 吨的水泥块抛到 3.7 米高，然后又落到距海面 1.5 高的防波堤上。在苏格兰的维克，海浪冲倒了一段防波堤，把 1350 吨的钢筋混凝土建筑物移动了 10 米。海浪拍击海岸时，对海岸有着很大的侵蚀作用。它能推动二三千吨的石块，可对海岸施加每平方米达 30～50 吨的压力，使海岸遭到严重的破坏。为此，许多海港需要根据海浪的特点建造价格昂贵的防波堤。近岸的水产养殖，也常常因大浪而毁坏。

此外，海浪的周期也能影响航行。当航船的固有振动周期与海浪的周期相近时，可使船身产生"共振"，严重地威胁着人们生命财产的安全。曾有一艘俄国船，经过东海时，由于船身的共振，船长站立不稳而碰壁致死。

当然，海浪也并非百害而无一利。海浪的巨大能量，可为人类提供取用不尽而又无污染的能源。海浪对大气中水汽含量和大气凝结核心的数量有不可忽视的影响。在海水混合过程中，海浪更是重要的因素。可见，研究海浪对国防、生产、能源、气象科学和海洋科学本身都具有十分重要的意义。

海浪通常用波峰、波谷、波高、波长、周期和波速等来描述它的特征。波面的最高、最低点分别叫波峰和波谷。相邻波峰与波谷的垂直距离叫波高。波高的一半叫振幅。相邻两波峰或波谷间的水平距离叫波长。两相邻波峰或波谷通过一固定点所需的时间叫周期。单位时间内波峰或波谷移动的距离叫波速。

在这些波浪要素中，波高最为重要。波高不但与航运、水产养殖和沿岸的生产活动直接有关，更是能量大小的一个度量。波动的能量与波高的平方成正比。

├ 无风不起浪与三尺浪

人们常说海洋"无风不起浪"，可见，海浪主要是由风引起的，叫作"风浪"。

一眼看去，风浪的外形杂乱无章，无规律可循，但它有一个引人注目的特点，那就是周期性的起伏。考虑到这个特点，我们可以用正弦曲线来表示海浪随地点和时间的变化。这是最简单、最直观、最初步的途径。这种波称为"正弦波"。

海浪出现后，不仅在垂直方向有周期性的起伏，而且在水平方向也有移动。往平静的水池中扔一石块，起初在石块附近出现波动，随后，波动渐渐散开，扩及很远的水面。这说明波动会传播。

其实，波动的传播乃是形状的传播，波动中的水质点并不随波浪的传播而向前运动。

人们都有这样的经验，将一小块漂浮物投入波动着的水中，虽然波浪不断向前扩展，但漂浮物并不会漂至远方。漂浮物的运动是受水质点运动控制的，可见，波动中水质点的运动与波浪的传播不是一回事。

进一步观察可知，水面上的漂浮物也并不是没有运动，它在波峰处向前，与波浪传播的方向一致；在波谷处向后，与波浪传播的方向相反；而从波峰到波谷的过程，它向下；从波谷到波峰的过程，它向上。这种运动类似封闭的曲线运动。

海洋学家已经计算出了，波动中的水质点运动的轨迹是一个椭圆。对于水深大于半个波长的"深水波"，水质点运动的轨迹是一个圆，也就是说深水波的水质点作圆周运动。

正是由于水质点在原地不停地兜圈子，波浪才得以向前传播。而这种传播，实际上是波面形状的传播。可见，水质点运动和波浪传播是两种不同的概念，但它们之间有密切的关系。

无风不起浪，说明浪主要由风引起。但是，海洋中也有"无风三尺浪"的情况。这是由于风浪是会传播的，当风浪离开风区后，不会立即消失，波动仍会继续。这种离开风区而传播的风浪称为"涌"，也叫"涌浪"、"长浪"。风区内的风停止吹刮后，浪也不会立即停止。这种风停后余留下来的风浪也是涌。

涌在传播过程中，由于涡动黏滞性和空气阻力的影响，会逐渐损耗能量，同时，由于散射会使能量分散，这样一来，波高就会不断减小。而涡动黏滞性引起的能量损耗具有选择性，即波长长或周期大的波衰减得慢，波长短或周期小的波衰减得快，结果，那些叠置在大波上的微波最先消失，剩下的是一些波长较长、周期较大的波，从而使涌的表面变得比较光滑。

涌的波长可以比其波高大几十倍、几百倍甚至上千倍，所以在开阔的海上常常难以用肉眼直接察觉出来。但当它传至浅海或近岸时，由于地形影响及能量集中等原因，波高将显著增大，形成破坏力极大的拍岸浪。

拍岸浪在海岸会卷倒、破碎，带来"惊涛拍岸，卷起千堆雪"的壮观景象。

｜ 海面下总平静

潜水员都有这样的经验，不管海面的浪有多高，只要潜入水中，很快就会平静下来。这说明波高随深度的增加而减小。计算表明，这种减小遵从指数规律，减小得非常之快。在海面下 1/10 个波长深处，那里的波高为海面波高的 53.3％；在海面下 1/4 波长处，为 20.8％；在海面下半个波长处，只有 4.3％；而于海面下一个波长处的波高，更是小得微不足道，仅为海面波高的 0.2％。由于大于半个波长的深处波动已很微弱，可以忽略不计，因此，在实用上，可将水深大于半波长的波浪当作深水波处理。换句话说，深水波仅仅在海表面附近才显著，故有表面波之称。

当水深小于 1/10 波长时，人们把这种情况下的波浪称为浅水波。浅水波中的水质点不作圆周运动，而作椭圆运动。椭圆的短轴就是波高。长半轴不随深度增加而减小，短半轴随深度增加线性降低，至海底处为零。这就是说，在浅水波中，海底附近的水质点仅作来回的水平运动。至于浅水波的波速，则因水深很浅，计算得出它与波长无关，而只取决于水深，并等于重力加速度与水深乘积的平方根。

风吹刮在海面上，海水获得了风的能量，风浪会逐渐成长。一定风速下的风在海上吹刮了一定时间后，风浪就会到达充分成长的阶段。英国海军上将弗兰西斯·蒲福特根据大量观测资料，总结出充分成长的风浪与风级的粗略关系，在航海上起了很大的作用。当时只制定了 0～12 共 13 个等级，称为蒲式风级。我们每天从传媒中获得的气象预报的风级，就是这个风级。后来不够用了，美国海军海洋局作了一些修正，增加到 17 级，共 18 个等级。

海啸带来的灾难

2004 年 12 月 26 日上午 8 时，我们世世代代居住的地球突然愤怒了。她在印度尼西亚苏门答腊岛西北部外的印度洋海域，将相当于 100 万枚投在日本广岛的原子弹的威力猛然从海底喷射出来。巨大的威力搅动着平静的海水，海面顿时向上升腾，形成巨大的水山。水山的山峰迅速向四周传播开去。当传至近岸时，高度猛然增大，以万夫难挡的力度，冲向海岸，迅雷不及掩耳地扫荡着一切，摧毁建筑物，淹没良田，吞噬所有的生命。这就是海啸。

这次海啸狂扫了印度洋沿岸 8 个国家，影响远及东非，有 20 多万人悲惨地丧生，造成惨绝人寰的大悲剧。

2007 年 4 月 2 日凌晨，南太平洋岛国所罗门群岛附近海域也发生了海啸。海啸形成 5 米高的巨浪冲向海岛，有一部分沿海村庄被淹，山体滑坡，多人死亡和失踪。

2011 年 3 月 11 日 13 时 46 分，地球又发威了，在日本本州岛宫城县以东的太平洋海域，又发生 9.0 级大地震，同时掀起 23.6 米高的巨大海啸，冲向沿岸，死亡和失踪达数万人之众，并造成严重的核泄漏，污染大气和海洋环境，再一次上演惨绝人寰的大悲剧。

不要以为海啸造成的大悲剧仅只这么二三次，虽然不能说是经常发生，却也并不罕见。

历史上有不少海啸的记载，但 2004 年的那次海啸给人类甚至整个地球带来的灾难却是空前的。美国地质勘探局专家指出，苏门答腊周围的一些小岛可能因此发生 20 多米的移动，苏门答腊的西北端可能也向西南方向移动了 36 米。更有人认为，引发这次海啸的地震的力量是如此之大，以致地球都沿其轴心发生了震荡，该震荡已永久性地改变了亚洲版图，地图要重新绘制了。还有学者认为，地震造成了地壳外形变化，地球在地震时有可能自转速度慢了零点几秒。可见，这不是一次一般的灾难，它使我们的地球伤筋动骨，就连地球的模样也被它改动了。这是何等惊天动地的事件啊！

那么，为什么会发生海啸呢？

海啸是由地震引起的波浪，因为它的波长很长，可达

五六百千米，所以是一种长波。在开阔的洋面上，这种波浪不太容易感觉到，最多使海面上升一二米的高度，因而不会造成什么灾害。然而，它会迅速地向四周传播出去，当它传至浅海，由于水深变浅及地形的变化，其能量往往会集中，波高就会迅速增大。当它传到近岸，就会变成一堵直立的水墙，向前推进。当波峰继续向前超过波谷时，水墙顷刻倒塌，尽其余威卷曲着向前冲去，吞噬所有的生灵，毁坏一切建筑，带来严重的灾难。

巨大的风暴，如台风、强冷空气等也会在沿岸引起水位突然猛涨，带来灾害。在我国，这种现象叫作"风暴海啸"或"风暴潮"。1900 年 9 月 8 日，在加尔维斯敦所产生的那次风暴海啸，是美国历史上破坏性最大的一次，它几乎将加尔维斯敦整个城市毁灭。海面高出平均海面 5 米左右，城内大部分地区被淹没了，死亡 6000 余人。1970 年 11 月 13 日，印度洋上的大飓风袭击了东巴沿海，海水完全淹没了孟加拉湾的哈提亚岛，时速 200 千米的旋风夷平了整个村庄，把树木连根拔起。高达 20 米的巨浪的力量是如此之大，据说竟把一些小岛从地图上抹去了。海水冲向沿海纵深地区，使一万英亩的地面看不到任何有生命的东西。30 万人失去了生命，50 万头牲畜死亡，100 万人无家可归。

地震固然可引发海啸，但不是所有海底地震都能引发海啸。据统计，15000 次地震中，只有 19 次引发海啸。只有当地震的震级在 6 级以上，震源深度不足 4 千米时，才有可能引发海啸。产生灾难性海啸的地震级在七八级以上。

世界上经常遭受海啸袭击的国家和地区是日本、印度尼西亚、加勒比海地区、地中海地区和墨西哥等。我国大陆海岸线漫长，东临太平洋，而太平洋正是地震多发地区，所以我国也有遭海啸袭击的可能。

┣ 海啸能预报吗

我国虽然也有遭受海啸袭击的可能，但我国近海海域岛屿众多，且大陆架浅海水域广大，这都有利于阻挡或减弱海啸的势力，不可能发生像印度洋海啸那样的灾情。当然，这不等于我们就可以掉以轻心，相反，我国必须加强防灾减灾的措施。

北京时间 2007 年 4 月 20 日 8 点 26 分和 8 点 31 分，在东海海域（北纬 25.7 度，东经 125.1 度）相继发生了 6.3 级和 5.6 级地震，随后，9 点 46 分和 10 点 23 分又接连发生两次 6.5 级和 6.0 级地震。虽然这 4 次地震的震级不算小，但由于水浅，坡度小等因素，我国台湾省和大陆东南沿海没有发生海啸，仅宁波等地有轻微震感。

既然海啸由地震引发，所以，要准确预测海啸，首先必须准确预测海底地震。预测出了海底地震，根据震中、震级和起震时间等参数，再根据海啸传播速度和各地距震中的远近，以及海底地形和海岸轮廓等情况，可以对海啸到达时间和强度作出判断。遗憾的是这些方面我们掌握得还不够好，所以往往只能事后诸葛亮。实际上，根据我们上面的叙述，海啸从地震中心传到沿岸还需要一定的时间，少则半小时，多达几小时甚至十几、二十几小时，有较充足的时间逃生，可惜当时大多数国家还没有建立预警系统。只有美国在太平洋的夏威夷和阿拉斯加建立了两个海啸预警中心，但在印度洋沿岸一个也没有。美国地质调查局信息中心的专家指出，如果印度洋有海啸预警机制并提供防护教育，这次灾难也许不会夺去这么多人的生命。

痛定思痛。灾难过去不久，印度尼西亚和泰国决心建设海啸警报系统。2006年12月26日，灾难两周年纪念日，印尼在班达亚齐正式启动亚齐海啸警报系统。在亚齐地区设立的这6个海啸警报系统，能在地震发生5~10分钟后提供海啸预警通报，提醒人们逃离危险地带。现在，这6个完整的海啸警报系统包括15个预警系统和160个测震站。系统设备由德国、中国、日本、法国、美国和其他国际机构协助兴建。这些系统通过设置在海底的传感器和海面放置浮标的方法，把海啸警报传送到检测站。具有探测海啸、地震、台风、暴雨、塌方和水灾等多种功能和16种记录模式。

泰国已在普吉岛上建立了9个海啸预警塔，在攀牙省加建立了8个海啸预警塔。一旦地震或海啸发生，位于曼谷的国家灾难预警中心就会通过卫星向海啸预警塔发出警报信号，海啸预警塔的警报铃声就会立即响起，距预警塔1.5千米范围内的人都能听到警报声。泰国在其南部度假海滩总共建了 72 个海啸预警塔，希望这些措施能让游客放心度假，以此重振旅游事业。这些警报系统已成功地进行过多次演习，游客为此多了一份安全感。

2012 年 4 月 11 日，印尼苏门答腊岛发生 8.5 级强烈地震，由于印尼海啸预警体系质量过关，起到了良好的效果。这套系统凭借安放在印度洋水域的地震仪、深海预警浮筒和潮汐测量计，经由卫星向预警中心传送震级、震源、浪高等动态数据，供预警中心评估发生海啸的可能性及破坏程度。地震后不久，预警中心报告印尼部分海岸可能遭遇浪高 8 米的海啸。结果实际情况与预报相差无几。海啸预警中心在收到信息后 3 分钟内，就可完成数据的处理和发布。地震和海啸信息以手机短信、电子邮件等多种方式发布，近海地方政府拉响警报，组织民众向高处转移。

地震不仅能引发海啸，还能产生另一种波浪。这种波浪具有纵振动的性质。这类振动，以声波的速率传播。当这种振动到达海面时，海面的船只会剧烈地摇动，以至水手感到好像是"触了礁"一样。有的以前海图上标明的礁区，现在测定其深度在几千米以上。许多船只，特别是在有海底地震发生区内航行的船只，曾多次报道了遇到震动的情况。这种暴发性的波动，一般为孤立现象。但关于这类波浪的资料很少。某些在海上无端失踪的船只，可能就是遇到这种巨大的振动而沉没的。

┤ 海浪也能发电

有一次，摩洛哥国王兰尼三世到地中海去泛舟游览。突然，狂风大作，波浪滔天，把他的游艇打得东摇西晃，上下颠簸得非常厉害。国王想，这么大的游艇，都能被浪头轻轻举起，可见海浪的力量是多么巨大。为什么不能把它利用起来呢？看来，这位国王还真有点科学头脑。

海浪的力量的确很大。巨浪曾把 1700 吨重的岩石打翻，把 13 吨重的石块抛到 20 米高空。海浪冲击海岸时，每平方米的力量可以达到 60 吨。这么大的力量，让它去推动发电机发电自然是没有什么问题了。有人估计，全世界海洋波可发电 25 亿千瓦。英国周边海域是海洋波能最丰富的海域之一，如果发电效率为 25%，那么，在英国沿岸 1000～2000 千米长的海域安装海浪发电设备，它们发的电就可以满足英国电力需要量的一半。所以，海浪也是一种很好的海洋能源。它没有污染，可以再生，只要有风，它就能运转。

早在 1992 年，联合国就把波浪发电列为开发海洋可再生能源的首位，沿海国家都十分重视，加大力度，积极开发。1964 年，日本最先研制成功使用海浪发电的航标灯。1980 年，日本与国际能源组织共同建造了一艘叫作"海明"号的海浪发电船。它很特别，底下有许多洞，船随海浪一起一伏，海浪就压缩洞里的空气。突然受到压缩的空气，会形成一股高速气流，产生很大的力量。在船舱里装上发电机，就可利用高速气流的力量去推动它们发电。这艘"海明"号的输出功率为125千瓦。虽然功率不大，但说明海浪的确是可以发电的。1982年，又造了一艘新的"海明"号海浪发电船，输出功率提高到2000千瓦。日本人还打算造一艘20万千瓦的大型海浪发电船，用电缆把电输送到陆地上去。

1985年，挪威在卑尔根附近岛上建了一座装机容量为500千瓦的振荡水柱波力电站和一座装机容量为350千瓦的楔形波浪电站。英国于1991年在苏格兰的艾来岛建立的波浪电站，使用一台韦尔斯气动涡轮机，把一个狭窄岩谷的波能变成电能，这是目前世界上最先进的波浪发电装置。

我国小功率的波力发电，也早已用于导航浮标和灯塔。1996年，中科院广州能源研究所在汕尾遮浪半岛建立的100千瓦岸式振荡水柱波力电站，是我国"九五"科技重点攻关项目。2005年，我国自主研制的波能独立稳定发电系统，海上实验已获成功，这是世界上首座波能独立稳定发电系统。这一突破性进展，使一直受到怀疑的波能发电的商用前景，有了曙光。

波力发电发展的现状是：法国开发最早，日本后来居上，英国是研发中心，中国发展稳定，多国正在普及。

波浪发电的理论虽然很多，研制出来的试验性装置也不算少，但当21世纪来临时，真正用于商业开发的波浪电站还未曾见过。直到2008年，英国海洋动力传递公司才研制建立了世界上第一个商业海浪发电厂，名叫"海蛇"。

这是一个多么奇怪的名字！难道是为了吸人眼球？

不是的。之所以取名"海蛇"，是因为这是一个长150米、直径3.5米，由圆柱形不锈钢浮筒铰接而成的发电装置，利用弯曲移动带动水轮机发电，看上去就像蛇在海中摆动，非常好看，所以就叫它"海蛇"，倒也名副其实。

这条海蛇身体里全是水，嘴对着海浪的方向。每当海浪滚滚而来，它的身体就会随着海浪上下起伏，水压通过嘴上的阀门传递进去，推动身体内的液压活塞作往复运动，驱动尾部的发电机发电。当风浪特别大时，这条蛇就会像真的海蛇一样，潜入深处，因而不会受到损害。

海蛇拴在葡萄牙北部岸边，能发出750千瓦的电力。它的出现，把海浪发电的效率发挥到了极致，令全世界的海洋工程专家啧啧称奇，刮目相看。

但是，南安普顿大学的约翰·查普林教授却不认输，他要推出一个更令人吃惊的海浪发电装置。

查普林想，你不是叫"海蛇"吗，那好，我要比你更厉害，我叫"巨蟒"！毫无疑问，巨蟒肯定比海蛇厉害得多。

果然不负众望，这条巨蟒比海蛇更长，比海蛇更粗，长达200米，直径7米。更妙的是，这么粗大的家伙，竟然比小它很多的海蛇要轻。

奥秘何在？

奥秘在于材料。海蛇的材料是不锈钢、混凝土和橡胶的混合物，而巨蟒通身用的全是橡胶，从外表上看，和一条长长的橡胶水管没有多大区别。

巨蟒的工作原理与海蛇一样，都是将波浪能转换成液压能。所不同的是，由于巨蟒用的全是橡胶，而橡胶的弹性比不锈钢要好得多，因而捕捉海浪的本领更强。这就好比我们人心脏的脉冲跳动，将能量传递给有弹性的血管，使血管也会随之脉冲式地胀缩，出现脉搏的道理一样。当海浪有节奏地冲击巨蟒时，像"血管"一样的长长的、灌满海水的巨蟒身体的内壁，也会受到水脉冲的压力。这强大的脉冲能量，传到尾部的涡轮发电机时，就能产生巨大而稳定的电能。

查普林把他的"巨蟒"缩小模型拿到海上去试验，效果非常好，其捕获海浪能量的能力是"海蛇"的 3 倍。

"巨蟒"开发人员表示，全尺寸的"巨蟒"将于 2014 年投入运营，可以满足 1000 个普通美国家庭的用电需求。

十一、海水能源与资源

├ 海里有个化工厂

海中有盐，这谁都知道，可它和一般的盐水不大相同。如果你有机会去喝一口海水，那又咸又苦的滋味会使你感到难受，喝多了，还会拉肚子呢！那发咸味的，是我们平时吃的食盐——氯化钠，发苦味的是氯化镁，它是一种泻药原料。

光凭直接的感觉，很难判断海水里有些什么东西，因为我们的眼力不够，通过物理和化学分析的方法，就可知道海水里有七八十种元素，其中以氯、钠、镁、硫、钙、钾、溴、碳、锶、硼、氟等11种含量最多，其他一些元素如金、银、铜、铁、锡、铝等，虽然含量微小，但如能把整个地球上的海水都提炼出来，可得到550万吨白银、40亿吨铜、137亿吨铁、41亿吨锡和137亿吨铝，是个很了不起的数字！

海水中还有许多陆地上蕴藏不多，而且不易提取的稀有元素，像铀、锶、铷、锂、钡等。

这些化学元素，在工农业生产和国防上都是"宝"。

我们的祖先早就知道晒盐的办法，趁涨潮把海水汲上来，让它在太阳下晒，几十天后，雪白的盐粒就结晶出来。

现在，世界上有 80 多个国家在进行海盐生产，生产方法自然不断改进。但是，采用最多，使用最广泛的还是工艺简单、操作方便的传统盐田日晒法，也就是蒸发法。近几年，我国推广使用一种塑苫技术，使我国的制盐工业产生了一次较大的飞跃。其中的一个关键所在是塑苫，有点类似农业生产中的大棚种植，一次灌注高浓度的卤水后，用塑料薄膜把盐池遮盖起来，晴天揭膜，接受日晒风吹，蒸发生盐；雨天则覆盖起来，以遮雨保卤。当然，这一切都是通过机械化甚至是半自动化来进行的。这是我国独创的技术，具有国际先进水平。现在，我国的许多大、中型盐厂基本上实现了机械化、半机械化，而且除生产原盐外，还增加了洗涤盐、精制盐、餐桌盐、加碘盐、肠衣用盐以及供牲畜用的盐砖等品种，以满足市场的需求。

我国有广阔的滩涂，自然条件适宜，海盐资源极其丰富，有许多地方可以开辟盐田。我国大陆沿岸有 200 多万亩盐田，有长芦盐场等数十个大型盐田，制盐工业在我国占有十分重要的地位。新中国成立初期，我国海盐年产不足 300 万吨，2004 年猛增至 2600 万吨，居世界第一；2010 年，更达 3286 万吨。

食盐不仅做菜、腌菜少不了它，工业生产中也少不了它。食盐可以制取盐酸和纯碱。盐酸、纯碱是橡胶、化肥、医药中的重要原料；纯碱在炼钢、炼铝、造纸等方面是一个重要的角色，纺织工业、化肥工业也要请它来参加。制肥皂、炸药用到的烧碱，也是从食盐里提取出来的。可见，食盐的用处实在不小，要是没有食盐，化学工业恐怕就进行不下去了，难怪食盐有"化学工业之母"的美誉。

海洋里有多少盐呢？

通常海水中含盐3.5％，即1000克海水含盐35克。近岸浅海就少一点，我国近海含盐量是3.1％～3.3％。而含盐量高的红海可达4.3％。在海岸设置盐田，把海水汲到盐田中，使海水慢慢浓缩，就可以得到食盐。其实，食盐不只是从海里面生产出来，还可从井水、咸水湖和盐池中得到。不过，从海水中提取的食盐叫海盐；由咸水湖或盐池中提取的食盐叫池盐；凿井汲取而得的食盐叫井盐。咸水湖、井水等不比海水含盐量低，有的竟高达30％左右。

然而海洋面积之大，海水之多为其他水源所不及，有人计算：如果把整个海洋晒干，可以得到一个直径约350千米的大盐球，把这些盐铺在整个地球表面，地球就盖上了一床厚约40米的盐"被"，地球要变成一个白球了。现在，全世界每年生产海盐1亿吨，按照这个数字生产下去，海洋里的盐可用5亿年！

├ 国防元素与海洋元素

海盐提炼后剩下的"苦卤"，也有很大的用处。从苦卤中可提取氯化钾、氯化镁、硫酸镁和溴素等工业产品，还可提取许多稀有元素。

近年来，从海水里直接提取镁、溴、碘、铀也获得了成功。如果你能想到，那展翅的银鹰，破浪的战舰，奔跑的汽车，轰鸣的机器，都是用镁来制造的时候，你就会感到镁是多么的重要了。镁的优越性之一是质轻，它和其他金属制成合金，既轻又硬且耐高温，现代化国防工业少不了它。

第一次世界大战前，全世界镁的年产量不足2万吨，战争爆发后，年产超过20万吨，为战前的10倍。但战后又迅速降到了3万吨。朝鲜战争期间，镁的年产量又急剧上升，达17万吨，战后又开始回落。可见，镁的生产与战争密切相关，因而被人们誉为"国防元素"。

镁在冶金、照明、橡胶、医药和化肥等方面也大有作为。

由于镁在海水中的浓度很高，每升高达1350毫克，整个海洋含镁1000万亿吨，足够人类用上千秋万代，所以世界各国争相发展海水提镁的产业。眼下世界上镁的产量有60％来自海洋。

溴元素在另一个天地——医药上发挥它的专长。神通广大的青霉素、链霉素都与它有关，连普通的红汞水里也有它的踪迹，安眠药、镇静剂中它常扮演主角，炼石油、制染料、造塑料，它也要参加。这么有用的东西在陆地上竟然很难以找到，99％都在海里！难怪有"海洋元素"

之称。

碘，也许人们较熟悉，一般医药消毒用碘酒，没有人不知道，但它施展本领的地方还不在这里，火箭燃料的添加剂、精制半导体材料、切削某些非常硬的合金时少了它就不行。照相、橡胶染料等工业上，碘也有重要用途。把碘化银撒在云中，还能产生人工降雨，消除旱情。海水中含碘量比陆地上多得多。

我国是钾肥短缺的国家，至今还没有发现大储量的可溶性钾矿，盐田卤水中生产的少量钾根本不够用，只好进口。钾肥能促进农作物的光合作用，能增加作物的抗旱、抗寒、抗病虫害及抗倒伏的能力，对农业生产十分重要，由于钾肥短缺，致使我国不少农田严重缺钾。而海水中的钾非常丰富，平均每升海水含钾 380 毫克，海洋含钾总量达 580 万亿吨，是陆地钾盐储量的一万多倍，因此，大力开展海水提钾就迫在眉睫。

├ 会燃烧的海水

制造原子弹、氢弹用的原料是铀，建造核潜艇、核动力航空母舰的核原料也是铀，造核电站的燃料还是铀。铀的能量十分巨大，1 千克铀的能量约相当于燃烧 2500 吨优质煤所发出的能量。可见，铀是一种十分有价值且十分重要的物质，只是陆地上极少，总共才不过 100 万吨。而海洋里的铀非常多，整个海洋含铀总量达 45 亿吨，是陆地上储量的 4500 倍。

海水里不仅有铀，还有氘、氚和锂，它们和铀一样也是核燃料。海洋中含氘 27 万亿吨，几万代人也用不完。

锂也是热核反应中的重要材料。每升海水含锂 0.17 毫克，整个海洋中含锂 2300 亿吨。

所以，把海洋当作人类的核燃料仓库一点也不过分。难怪在石油危机时，国外有家科学杂志就形象地说，海水也是可以燃烧的呀。

从海水中还可提取重水。重水是氘和氧的化合物，叫作"氧化氘"。看上去它和普通水没有多少区别，但由于它的分子量比水大 11% 左右，所以叫它"重水"。

电解重水可以得到重氢，重氢是制氢弹的原料。重氢进行核聚变反应时，可放出巨大的能量，而且不会污染环境。如果将海水中的重氢都用于热核反应发电，其总能量相当于把全部海水都变成石油。

┣ 海水中的淡水资源

1965 年 6 月 5 日早晨，埃及首都开罗和往常一样平静而忙碌。

时针指着 8 点 45 分，尼罗河三角洲和苏伊士运河上空突然响声大作，打破了四周的平静，接着，爆炸声、呼啸声四起，火光冲天，烟雾弥漫。

抬头望去，只见天空黑压压一片，有近 200 架飞机在那里张牙舞爪，耀武扬威。显然，这是以色列飞机进行的闪电性突袭。

为什么以色列对邻国如此大动干戈？其中一个重要的原因就是因为"水"。

以色列的水资源匮乏，为了抢水，不惜发动战争。

世界上淡水资源不足，甚至出现水荒，水已成为人们日益关切的问题。许多人认为，19世纪争煤，20世纪争油，21世纪可能就是争水了。

水是生命的源泉，也是地球上最宝贵的资源之一，人类的生存和生产都离不开水。地球表面70.8%都为水所覆盖，总水量达13亿多立方千米。但这些水，97.5%都是海水，淡水只占2.5%。而这些淡水，90%存在于南北极的冰盖、冰川、冰雪中，以及埋藏在地层深处，难于被人们利用。因此，人类能够利用的淡水资源，充其量不过总水量的0.26%。

虽然这是一个微不足道的数字，还是能满足人类的需求。遗憾的是，地球这些年来，天灾人祸不断。尤其是人祸，让水质污浊不堪，无法利用。世界上有100多个清洁水源遭到严重污染，水资源挂出了黄牌，出现了水危机。眼下，世界上有100多个国家处于缺水状态，有近30个国家严重缺水。为了保护水资源，一些国家不惜动用武力。

2010年3月22日是第18个世界水日，主题是"保障清洁水源，创造健康世界"。联合国环境规划署当天还发布一份报告，说全球河流和湖泊每年遭污染水量相当于60多亿人的体重总和。这些污水加速疾病传播，损害生态系统。发展中国家因为水的污染使得每年至少有 180 万名 5 岁以下儿童死亡。全球半数以上住院病人的病与污水有关。大约 3.7% 的病人死于与水污染有关的疾病。从某种意义上说，污水比战争等暴力活动更加致命。

这触目惊心的现实告诉人们，如果不珍惜水资源，那么，我们见到的最后一滴水，也许就是自己的眼泪了。

怎样才能迅速而有效地解决人类面临的水荒呢？向海洋要淡水！人们采取各种方法淡化海水，使它变得能喝、能用、能灌溉。

淡化海水从最早的冷却水蒸气的办法，到多级闪级蒸馏法，再到电渗析方法，用离子交换膜脱盐法，效率都不太高。现在，采用先进的反渗透技术，利用反渗透膜只允许水进入而阻止盐分通过的原理淡化海水，效率提高了，成本也降低了，得到广泛使用。

海水淡化已经成为解决全球水资源危机的重要途径，世界上已有 120 多个国家在运用海水淡化技术获取淡水，全球有海水淡化厂 13000 多座。2008 年全球海水淡化总产量已达到日均 6348 万吨，且不断快速增长。

有的国家别出心裁地从南极拖来冰山，把它融化后取出淡水，也不失为一个值得尝试的办法。

中国也缺淡水，属于世界上 13 个贫水国之一，人均淡水资源仅为世界人均量的 1/4。2010 年，中国海水淡化产水量日均不到 100 万吨，远远满足不了需求。我国政府已明确提出，在"十二五"期间，鼓励和支持海水淡化，严格控制地下水开采，未来我国海水淡化发展将进入黄金十年。2020 年的目标是日产淡水 300 万吨。

2011 年 6 月 7 日，美国的商品大王罗杰斯大发议论，说经历"油荒"、"电荒"等一轮轮能源短缺预警后，"水荒"开始步入世人眼帘。水资源短缺将是困扰中国经济发展的最大隐忧，若中国无法解决水资源短缺，则中国繁荣将由此"终结"。这话虽然有点耸人听闻，但也不无道理，值得我们警惕。

夏威夷姑娘的花环

冷和热是海水的重要特性，不仅会影响天气的变化，而且还可以开发利用。

1979 年 5 月 29 日，美国夏威夷群岛不远的海面上停泊着一艘很不寻常的船，它既不像古代的帆船，也不像现代的轮船，而是一艘新颖的叫作"OTEC"的船。

这天，船上彩旗招展，乐声悠扬，高朋满座，笑语喧哗，电视摄像机紧张地拍摄着夏威夷姑娘们把一朵朵兰花抛向人群的场面，景象十分热烈。

这是在干什么？是庆祝新船的下水？还是在海上举行盛大的招待会？不，这是庆祝一项最新的发明，祝贺一艘新型发电船的诞生。用州长发表的演讲来说，这是庆祝"人类昼夜不停地获取海洋能源的前所未有的新纪元"的到来。

这到底是一艘什么样的发电船呢？潮汐发电船？海浪发电船？海流发电船？都不是。这是一艘海洋热能发电船，英文缩写叫作"OTEC"。

大家知道，在热带海域，海洋表面的海水比较热，在摄氏 27 度左右；而在 600～1000 米深处，海水很冷，温度大约是 4 摄氏度。这种情况，一年四季变化不大。所以表面热水与深层冷水之间，始终保持较大而稳定的温度差异。正是这较大而稳定的温度差异，才给人们提供了发电的机会，叫作"海洋温差发电"。

许多人只知道火力发电、水力发电、潮汐发电、原子能发电，很少有人会想到温差也能发电。那么，温差为什么会发电呢？

法国科学家克劳德曾做过一个试验性的表演。他在一个烧瓶里放入 28 摄氏度的温水，在另一个烧瓶里放入冰块，使温度保持在 0 摄氏度左右。两个烧瓶之间，安装了一台涡轮机和一台小小的发电机。发电机用导线与一个小灯泡相连。当克劳德启动抽气机抽出盛温水烧瓶中的空气时，不多久，小灯泡亮了，发出耀眼的光芒。在场的观众顿时沸腾起来了，欢呼声响彻大厅，温差发电成功啦！

灯泡究竟是怎样亮起来的呢？原来，当抽气机一开，抽出了烧瓶里的空气，烧瓶里的气压立即降低。大家知道，气压降低，水的沸点也降低。当气压降到 1/25 个标准大气压时，28 摄氏度的水就沸腾了。沸腾的水迅速化为蒸气，从喷嘴高速喷出，推动涡轮机，涡轮机又带动发电机发电，所以小灯泡就亮了。

当用过了的蒸气流到盛有冰块的烧瓶时，由于这里的温度保持在 0 摄氏度左右，所以蒸气就会遇冷凝结，始终保持着低的压力。这样，高压水蒸气才能不断地流过来，持续地推动着涡轮机。

这个试验说明，恒定的温差是可以发电的。海洋里既然存在着恒定的温差，当然也就可以加以利用了。

热带海洋表面的温度在 28～30 摄氏度，是不是用一个大锅炉来加热，把海水烧开，产生水蒸气发电呢？当然不是。要是这样做，那需要多大的锅炉呀。世界上有一些液体，比如丙烷、氨水、氟利昂等，它们的沸点很低。像丙烷的沸点是零下 42.17 摄氏度，因此，不需要用火来烧它，只要用 25 摄氏度的海水加热，就可以使它产生蒸汽。蒸汽通过管道高速喷出，就可推动涡轮机，再带动发电机发电。在这里，丙烷称为工作液体。

不过，单有热水没有冷水也不行，就像克劳德所做的试验中，如果没有装冰块的烧瓶，用过的蒸气就不能冷却，无法回收再利用，发电也就停止了。这里也是一样，丙烷的数量有限，蒸发完了，发电就不能持续进行。要维持连续不停地发电，非得用冷水不可。用过的蒸气利用冷水冷却，然后加压使其再次变为液体。把液体抽到蒸发室里，又可变为蒸气，推动涡轮机带动发电机发电。只有这样，发电机才能不停地转动。

可是，冷水从哪儿来呢？好在海底附近的海水温度很低，在 4 摄氏度左右，只要用根长管子从海洋深处把冷海水抽上来，问题就解决了。这就是海洋温差发电的原理。刚才说的那艘"OTEC"船，就是一艘海洋温差发电船。那个庆祝会，就是庆祝人类成功地利用海洋温差来发电。这艘船的发电功率为 50 千瓦。

1981 年 11 月，美国又在太平洋瑙鲁岛建立了一座功率为 100 千瓦的温差发电厂。他们计划在 2008 年以前建成一座 100 万千瓦的海水温差发电装置，以及利用墨西哥湾暖流的热能在东部沿海建立 500 座海洋热能发电站，发电能力达 2 亿千瓦。

在热带海域，大约有 6000 万平方千米适宜发展海洋温差发电，所以这是很有前途的海洋能源。据计算，从南纬 20 度到北纬 20 度之间的洋面，只要将其中一半用来发电，海水水温仅平均下降 1℃，就能获得 600 亿千瓦的电能，相当于目前全世界所产生的全部电能，而且这种发电的方式不产生污染，很是环保。

世界上位于北纬 40 度到南纬 40 度的 100 多个国家都有条件利用海水温差发电。所以，近几年来，海洋温差发电受到了各国的普遍重视。目前，日本、法国、比利时等国已经建成了一些海洋温差能电站。2006 年，印度与日本合作，在印度南部海域开展了 1000 千瓦级的海水温差发电的工业性试验。印度准备今后建 1000 台 50 万千瓦的 OTEC。我国海洋温差能发电处于研究试验阶段。菲律宾、斯里兰卡和牙买加等 50 多个国家也在研究海洋温差发电问题。

温差发电还有副产品。从海洋深处抽上来的冷水，营养非常丰富，可以用它来增加水产资源，还可以获得廉价的食盐和淡水，真是一举多得。科学家认为，海洋温差发电是 21 世纪的重要能源，它可以和原子能发电媲美。

联合国国际开发委员会准备要求各国在海洋温差发电方面开展合作，推进技术改良和降低成本。

十二、海洋中的生命

├ 一滴奇妙的海水

一滴海水，晶莹透亮，肉眼看上去，里面什么也没有，把它放在显微镜下，嘿，真是别开生面了！看啊，有像闪光的"表带"，有像细长的"大头针"、扁平的"圆盘"，甚至像精致的"铁锚"……令人眼花缭乱。这是些什么呢？

这是浮游生物。

浮游生物身材短小，大多数只有千分之几到百分之几厘米，肉眼是看不见的。它们的游泳本领也不高，有的根本不会游泳，只是随波逐流而已。但也别轻看了这些小个子，它们的繁殖能力可强呢！如果在适合的环境下，一个浮游生物的个体，任其发展，几天工夫就可填满整个海洋！即使受各种自然条件限制，其数量仍然可观得很，它们可称得上是海洋里的大家族了。

浮游植物占浮游生物的绝大多数，它们多半形态简单，只有一个细胞，是地球上资格相当老的一种低等生物。尽管这个家族的成员形形色色，种类繁多，但最主要的是硅藻一家，它占了浮游植物的 60%。其他是腰鞭藻、裸石藻、海球藻和硅鞭藻等。

硅藻的细胞很有趣，它如同透明的水晶箱，又好比一间小小的"房屋"，"墙壁"上雕着各种式样的花纹。它们喜欢一个个连接起来，组成各种形状的群体，显微镜下看到的"表带""大头针""圆盘""铁锚"，就是这种硅藻。

浮游植物靠太阳光和吸收海水中的营养盐生活。每当春季来临，明亮而温暖的阳光使这些微小的植物苏醒过来，浸润在初春异常肥沃的海水中。优越的自然条件，给浮游植物的生长带来良好的时机，于是，它们迅速繁殖，没过多久，就铺满了广阔的海面，把几百万平方千米的海域，染成黄的、绿的、棕红的……

没有阳光，浮游植物不能生存，所以它们必须生活在阳光充足的海洋表层。那么，它们有使自己待在表层而不沉到海底去的本领吗？有！你看，它们当中有些长得体态轻盈，身体里 90% 以上充满水分；另一些则长了许多突起物和刚毛，长成球形，或者长得像降落伞，尽量扩充身体的表面积，以便增加浮力和摩擦力，使它们毫不费力就可长期漂浮在水中。

浮游植物的个体虽然小得微不足道，却是海洋中原始食物的生产者，要是没有它们，海洋里的大生命恐怕也就无法生存了。尤其是硅藻，营养丰富，容易消化，不仅浮游动物、小鱼小虾和贝类喜欢吃，许多大家伙，像鲸等也都直接以它为食料。浮游生物的多寡，明显地决定了鱼类的产量，这是无可置疑的了。每年春天，对虾和许多鱼类都喜欢来我国渤海、黄河口一带产卵，就是因为这里风平浪静，水温适宜，浮游生物非常丰富的缘故。

海洋细菌也是浮游植物，比硅藻还要小，5万个细菌连接起来才只有1厘米，实在小得可怜，然而它们对其他海洋生物的生长，却有着举足轻重的作用。因为它们能分解死亡的生物尸体，变成各种营养盐，而这些营养盐正是浮游植物生活的必需品。由于细菌的作用，海洋里的营养盐循环不息。细菌还是小型浮游动物和各种幼虫的食料。海洋里要是没有细菌，浮游生物就不可能大量繁殖，其他海洋生命的生长也会大大受到限制。

浮游生物是鱼类的基础饵料，哪里浮游生物多，哪里就会有大的鱼群，所以可以根据浮游生物的分布情况来寻找渔场。这么大的海洋，怎样才能及时了解哪里有大量的浮游生物呢？在过去这是很困难的事，现在有了人造卫星，就可以做到这一点。用卫星跟踪，就可立即知道哪里有浮游生物聚集，它们的动向如何，这对于渔业生产是十分有用的。

2004年，以色列科学家经过研究，说是浮游生物能够呼风唤雨。这听起来好像不可思议，其实道理也很简单。因为浮游植物的叶绿素可以吸收太阳光进行光合作用，浮游植物多了，吸收的太阳光也多，大部分太阳光在海面被吸收了，进入水下的阳光自然就少了。进入水下的阳光少了，海水的温度就要降低。因此，浮游植物数量的变化，就能影响海水的温度。海水的温度改变了，海洋的蒸发量也会随着改变，从而天空的云量也会改变。天空的云量起了变化，气候状况特别是降水量也会变化。所以研究人员说："西太平洋里的浮游生物群变化，也能引起印度下雨。"

浮游生物不仅是鱼类的基础饵料，也是人类食物来源的一部分。有些浮游生物本身就是渔业资源。比如海蜇、毛虾、磷虾、糠虾，就可以直接作为人类的食品，或制成虾酱。

有些浮游生物还有吸收水中的有害物的本领，所以有净化水质的能力。

浮游生物固然有重大的经济意义，但也不是所有的浮游生物都有益，有些浮游生物对鱼类反而有害。像蓝绿藻、鱼腥藻等，在海水中的营养过剩时，会大量繁殖，使局部海水变色，形成赤潮，危害很大。

为什么赤潮会带来很大的危害呢？这是因为有一些赤潮生物含有毒素，这些含有毒素的赤潮生物被其他海洋生物吃了以后，就会引起中毒死亡；而另一些赤潮生物会分泌出黏液，黏在鱼、虾、贝等生物的腮上，妨碍呼吸导致死亡。人要是吃了含有毒素的海产品，就会造成严重的后果。再说，大量赤潮生物死亡后，其尸体在分解过程中要大量消耗海水中的溶解氧，造成缺氧环境，引起鱼、虾、贝的大量死亡。总之，赤潮的发生，破坏了海洋的正常生态结构，因此也破坏了海洋中正常的生产过程，从而威胁海洋生物的生存。

为什么海洋里会发生赤潮呢？这主要是因为大量的工业废水、生活污水以及残留的农药流入海洋造成的。

现在，赤潮已经成为一种世界性的公害，无论是美国、日本、加拿大、法国、瑞典、挪威等工业发达国家，还是许多第三世界国家和地区，包括我们中国，赤潮发生都很频繁。我国周围的四个海区赤潮的危害也不小。2006 年，全海区 100 平方千米的赤潮区域就发生过 31 次，1000 平方千米的赤潮区域也发生过 7 次。赤潮高发区集中在渤海湾、长江口和浙江中、南部海域。

2012 年 6 月 25 日，国家海洋局发布的 2011 年中国海洋环境状况公报，显示 2011 年我国海洋环境状况总体较好，符合第一类海水水质标准的海洋面积约占我国管辖海域面积的 95％，主要海洋功能区环境状况基本满足海域使用要求，但近岸海域问题突出，主要表现在陆源排污压力巨大、近岸海域污染严重，局部区域海水入侵、土壤盐渍化、海岸侵蚀等灾害严重，海洋溢油等突发性事件的环境风险加剧。

公报显示，我国部分近岸海域环境污染依然十分严重，海水水质为劣四类的近岸海域面积约为 4.4 万平方千米，高于"十一五"期间 3.2 万平方千米的平均水平，严重污染区域主要分布于大中型河口、海湾和部分大中城市近岸海域。主要超标物质仍然是无机氮、活性磷酸盐和石油类；海水中无机氮和活性磷酸盐含量超标导致近岸局部海域富营养化，全国约 2.2 万平方千米的近岸海域水体呈重度富营养化状态。

利用浮游生物的有利一面，防止有害的一面，并化害为利，是提高海洋生产力的一个重要课题。

┠ 茫茫海上大草原

四百多年前，当哥伦布一行在大西洋上航行时，发现远处有一块绿色的"草地"，以为大陆已经临近。赶紧驶向前去一看，却大失所望，"草地"消失了，眼前是一片茫茫的海上大草原。船队艰难地在一望无际的大草原上航行，几天几夜都没能找到尽头。也许前面会遇到暗礁、浅滩吧，人们忧虑着这神秘的海上草原给船队带来的不幸。后来才知道，他们正处在北大西洋中心，离大陆还远着哩！他们是进入了长满马尾藻的海面。因为这一带水流微弱，风平浪静，漂浮的马尾藻不能远游，便在这里定居下来，繁衍后代，盖满了大约 450 万平方千米的海面，使这一海域赢得了"马尾藻海"的称号。

海洋里一万多种植物，绝大多数是藻类，马尾藻就是其中过漂浮生涯的大型藻类。不过，浅海海域许多藻类却长在海底，营固着生活。这些固着海藻，不像陆上植物扎根于土壤，用根吸取养分，而是用假根附着在海底或岩石上，直接从海水里获得营养物质。最长的海藻可达 300 多米，超过陆地上任何高大的树木。成群的海藻竖立在海中，构成巨大的海底森林。由于它们具有柔软的身躯，故能曲折自如，随波摆动。大风大浪固然能把海岸、码头损坏，却损坏不了这些海底森林，它们起到了天然防波堤的作用。

海带也是较大的海藻，一般长2～4米，最长可达7米。海带喜欢在冷水中生活，以2～15摄氏度为最适宜，它含有大量的碘。碘是生命必需的微量营养元素。如果缺乏碘，就会患上甲状腺肿大病，脖子变得又粗又大。少年儿童缺碘，就会影响发育，引起智力低下，甚至出现聋哑和斜视。平时常吃点海带，对人的健康有很大的好处。

海带有较高的营养价值，含蛋白质、脂肪、糖、维生素等多种营养成分，是价廉物美的大众食品。凉拌海带丝、海带炖排骨、海带烧肉、肉丝炒海带丝、海带汤，样样美味可口。

在工业和医药上，海带的用处也很多。它可以提炼碘、镁、铁、氯化钾等，还可以制褐藻胶和甘露醇。用海藻胶制成的药物对预防和治疗糖尿病、重金属中毒、高胆固醇、高血脂及高血压等病，有很好的疗效。吃干海带时，总能见到上面有一层白粉，许多人以为是盐，把它洗掉了。其实这不是盐，而是甘露醇，洗掉了很可惜。甘露醇对降低颅内压和眼内压有明显的疗效，有消除脑水肿、利尿及预防早期肾功能不全的作用，还可制成治疗冠心病、哮喘的急救药和抗癌药。

海带原来是生活在白令海峡和日本北海道沿海的藻类，只是偶然的机会附着在船底下才被带到我国，并在我国北方沿海安家落户的。由于它用处很大，人们才开展了大规模的人工养殖活动，并通过科学研究，把一向只能生活在北方海域的这种海藻，成功地移植到了南方海域中，使我国沿海到处都能养殖海带。

紫菜也是海藻的一种，生长在浅海潮间带岩石上，富含蛋白质和碘、磷、钙等物质，我国沿海都有生产。紫菜味道鲜美，营养丰富，是很多人都喜爱的一种海洋食品。它还有降血脂、降胆固醇的功效。从紫菜中可提取琼脂，而琼脂在食品工业、化妆品工业上有广泛的用途。石花菜、苔菜（也叫苔条）、裙带菜、鹅掌菜、鹧鸪菜和江蓠等，也都是有较大经济价值的海藻。石花菜、江蓠可制琼胶，做清凉饮料和软糖。琼胶的黏着力很强，不仅可黏一般东西，还可巩固水泥，制模型、胶版等。苔菜也是可口的食品，用油煎炒，又脆又香。鹧鸪菜又叫海人草，是很好的驱虫药，还可治小儿消化不良。

石莼和马尾藻是重要的牲口饲料，掺到其他饲料里，可使家畜发育正常。许多海藻是很好的氮肥和钾肥，沿海农民常去海边捞海藻作肥料。

海藻的用处虽然很大，但到目前为止，在总共约 4500 种固着海藻中，被广泛利用的只有 70 种左右，如能进一步加以利用，人类将从海洋里得到更多的财富。

┣ 奔忙不息的鱼群

每年秋季，我国黑龙江、松花江一带，是捕捉鲑鱼的大好季节，渔民满怀丰收的喜悦，收获着名贵的鲑鱼。然而，你可知道鲑鱼来到这里，已经历了两万里艰苦征途！

鲑鱼原生活在太平洋北部的白令海中。它们在那里发育成熟后，便成群结队游到淡水河流里来产卵。它们从白令海出发，向西游去，最后来到我国的松花江，行程足有两万里。漫长的旅程充满了艰辛，它们不但要寻找食物，而且要抵御大动物的侵害。有时，敌害把队伍冲散了，它们会设法重新集结起来，继续向前进发。等到达河口后，它们便不吃任何东西了，只靠体内储存的养分维持生活。这时还得与湍急的河水、巨大的漩涡作斗争，甚至要躲避暗礁、险滩，跳过瀑布。尽管道路如此艰辛，随时都有丧失生命的危险，它们却毫不后退。就这样，经过好几个月的时间，终于游到了目的地。于是，母鱼用鳍在河底挖洞，把卵产在里面，等雄鱼射精后，本能地用泥沙埋盖起来，不使别的动物吃掉。延续后代的任务完成了，母鱼也就筋疲力竭地死去。

鲑鱼为什么能不辞艰辛远游万里呢？原来这是生物的一种习性。不仅鲑鱼，海洋里许多鱼类都有这样的习性，它们祖祖辈辈总是这样日夜不停地奔忙，成群结队，按照一定的路线长途跋涉，人们把这叫"洄游"。在长期的生产实践中，渔民发现了鱼类洄游现象，知道该在什么时候，到什么地方去捕哪种鱼。经过科学进一步的研究，对鱼群洄游的规律了解得就更加正确了。我国各地都会定期发布渔情预报，指导海上捕捞，对提高渔获量有很大的帮助。

鱼类洄游的习性，是鱼类本身的矛盾引起的。由于鱼类生理状态和生活条件的改变，如性腺成熟、寻找食物、天气变化等，需要寻找适合的环境，因而引起了产卵洄游、索饵洄游、越冬洄游。每年四、五月，祖国江南春暖花开的季节，栖息在黄海和东海交界一带海里过冬的小黄鱼，也感到了春意，体内性腺发育成熟，开始集群，向我国江苏、山东沿岸作产卵洄游，带来了我国黄海沿岸的春汛，是捕捉小黄鱼的大好时机。等到秋季水温下降，寒气袭来之时，它们便携儿带女，陆续离开旅地南下，又回到去年过冬的地方。大黄鱼、带鱼和乌贼有类似的洄游规律。

生活在渤海湾里的对虾，味道鲜美，营养丰富。每当冬季来临，水温下降时，它们虽然伏在海底，也经受不住凛冽的寒冬，也要跋涉两千多里，到黄海中、南部海域过冬。等春季水温回升时，它们就开始回老家，三月过山东半岛，四月到达渤海、黄河口一带产卵。因为这里风平浪静，营养丰富，给小对虾以良好的生活环境。小对虾迅速长大成熟，在这里过了一个愉快的盛夏，到深秋，又像它们的祖先一样，为生存而长途跋涉了。影片《对虾》十分形象地再现了对虾的生活规律。

我国沿岸辽阔的浅海水域，有陆地上许多河流带来的丰富营养物质，又处在寒、暖流的交汇地带，海水温度适宜，浮游生物特别繁茂，是鱼虾生活的好地方，所以渔业资源非常丰富，海洋鱼类有 1500 多种。渔场范围南起南沙群岛，北到辽东湾，南北伸展 8000 多里。北部湾渔场、闽东渔场、舟山渔场、吕泗渔场、烟威渔场、渤海渔场等都是著名的大渔场。

鱼类除了供人们食用外，还有很大的经济意义。光从鱼的废料中就可提炼出许多有价值的东西。鱼、虾不能吃的部分如果能科学利用，不但可以减少废弃物的污染，保护海洋环境，而且能带来可观的经济效益。

用鱼内脏废弃物、虾壳、蟹壳、鱼鳞、鱼骨等为原料，采用现代高科技生物工程技术，以独特的加工工艺，就可以制成有用的药品和食品。比如鱼内脏废弃物可以生产出鱼蛋白胨、鱼溶浆及海鲜酵素等；比如虾壳、虾头和蟹壳发酵，可以生产虾油，甲壳素、壳聚糖等高附加值产品；再比如，利用人们不太吃的低值鱼类，可以生产出风味独特、醇香特鲜的鱼酱油、鲣鱼汁；生产蛋白胨、水解鱼蛋白、鱼蛋白活性肽、浓缩鱼蛋白；就连鱼骨头也可生产出婴儿食品的添加物。

也许你会问，鱼的废料可以提取许多有用的产品，那么，又脏又硬的鱼鳞恐怕就是无法利用的地道的垃圾了。其实不然。鱼鳞中含有大量的鱼胶蛋白、珠光素、嘌呤碱等非常有用的物质。从鱼鳞中制取的珠光粉，是价格昂贵的发光剂，广泛用于涂料、油漆之类的发光性装饰品、化妆品和纺织品等行业，以提高这些产品的光泽。鱼鳞可以制取可溶性角蛋白和蛋白胨。角蛋白是一种表面活性剂，具有很好的乳化性能，广泛用于农药配制、日化洗涤剂等行业；蛋白胨是一种价格较高的微生物培养基，广泛用于制药等微生物发酵行业以及生化试剂等。鱼鳞还可制取鱼鳞胶，它的胶凝强度超过一般的动物胶，是人们在日常生活和工业生产中广泛应用的一种动物胶。鱼鳞制取的鸟嘌呤、咖啡碱等主要用作制药原料和生化试剂等。

这些产品的生产，许多都是通过新的技术，是 21 世纪里才开发出来的。

可见，鱼身上样样是宝，在品尝完美味的鱼肉、鱼汤后，剩下的废料可千万不要随意丢弃啊！

海洋中的渔业资源正在不断地被人们开发利用，给人类带来了美味的食品和原料。不过，近年来由于污染严重和不合理的捕捞，渔场起了一些变化，鱼产量也有所减少。我们应该加大治理污染的力度；合理捕捞，保持生态平衡；不断开辟新渔场；大力进行养殖。这样，我国的海洋渔业一定会很快得到恢复，并有一个大的发展。

珍珠宝贝和美食

珍珠，晶莹明亮，光彩夺目，自古以来，一直被人们视为珍宝。现在，许多妇女尤其是姑娘们，都喜欢在脖子上佩戴洁白滚圆的珍珠项链，因为这可以使人更加漂亮。其实，珍珠不仅是美丽的装饰品，也是名贵的中药材，现代高档的化妆品中，也有它的成分。珍珠与玛瑙、水晶、玉石一起，并称为我国古代传统四宝。

珍珠越大越稀罕，越珍贵。常见的珍珠直径不到一厘米，小的只有粟米那么大。那种浑圆光彩的珍珠，不可多得。俄罗斯曾有一颗重 5.6 克的滚圆的珍珠，算作珍品，保存于博物馆中。但它比起英国伦敦博物馆收藏的那颗珍珠来，就大为逊色了。英国伦敦博物馆那颗在金冠上面镶嵌着的大珍珠，重达 85 克，比俄罗斯那颗重 15 倍！但是，它还不是目前界上最大的珍珠。目前世界上最大的珍珠，是 1934 年 5 月 7 日在菲律宾巴拉湾的巨贝中发现的，是一颗重达 6350 克、半径 13.97 厘米的巨珠，存放在旧金山银行保险库里，价值 408 万美元。这样大的珍珠千载难逢，真可算得上是稀世珍宝。

珍珠来自河蚌、海贝。海洋里的珍珠贝与河蚌十分相似，两片坚硬的外壳，靠肉柱能张能合。张开时，小虫、沙粒等掉了进去，珍珠贝就会分泌出珍珠质把入侵者包围起来，久而久之，就会变成一颗珍珠。这就是自然形成的天然珍珠。当然，也有由人工造出来的珍珠，那就是人造珍珠。

能产珍珠的贝类约有二三十种。采集天然珍珠，不仅数量稀少，质量也难以控制，人们便进行人工养殖。我国是最早养殖珍珠的国家，在宋代就开始了海水养珠。新中国成立后，为了发展珍珠生产，沿海因地制宜地开辟了许多珍珠养殖场。如广西的合浦、北海、东兴等是一批较早的人工养珠场。随后，南海北部湾沿岸许多地方也开始建立。接着，广东、海南也开展起来。广东深圳的东山养珠场，曾培育出直径 1.2 厘米的大珍珠。雷州半岛的珍珠养殖居全国首位。海南省陵水县的海陵养珠场曾培育过直径1.6厘米的特大珍珠，顶端还有一粒小珠，被誉为"珍珠之王"，列为世界五大名珠之一。我国生产的珍珠，质量上乘，尤其是我国南海沿岸出产的珍珠，以颗粒圆润、色泽艳丽而著称。国际上有西珠（西欧）不如东珠（日本），东珠不如南珠（南海）的说法，足见我国海洋珍珠在国际上享有的声誉。

印度洋热带海岸也是有名的海洋珍珠产地。斯里兰卡、阿拉伯海、澳大利亚沿岸以及波斯湾的巴林群岛都盛产珍珠。

有一种黑珍珠，以其特有的黑色而著称，也十分名贵。它主要产自太平洋波利尼西亚的塔希提岛，这里出产全球95％的黑珍珠。

珍珠贝喜欢在浪静水清、温暖流畅的沙底浅水中生活，同时盐分要适当，营养也要丰富。每年5月上旬，是我国南海沿岸珍珠贝幼虫大量繁殖的时期。人们把水泥块投入海中，让幼虫附在上面，进行育苗。幼苗长大后，取上植核，将塑料小球插入珍珠贝的身体内，再把它放回大海里生活，一个月左右，塑料小球就变成明晃晃的珍珠了。

不仅海洋里可以养珍珠，淡水里也可以养。我国淡水养珠遍及各地，上海地区和江、浙一带都有。

珍珠不仅是装饰品，也可以做药。珍珠粉可治神经衰弱、癫痫、气管炎、心脏病、胃溃疡等疾病，也是治疗红眼睛、湿疹、疮疖、子宫颈糜烂等的良方。珍珠贝壳里的珍珠层粉，有着同样的疗效。珍珠粉和珍珠层粉还可制成许多高级化妆品。

我们习惯把贵重而珍奇的东西叫作宝贝。这宝贝的名词其实跟海洋贝类倒是有点关系。海洋里生活着许多海贝，有一种叫宝贝的最为好看。在白底上缀着黑褐色或紫褐色的斑点，闪闪发光，十分漂亮。因为数量稀少，古代就用它的壳做货币。贝字的繁体——"貝"也是仿照它的外形创造出来的。"貝"字的外框表示椭圆形的贝壳的外形；壳上的两条花纹就用两横表示；贝字下面的两撇代表它伸出来的两只触角。宝贝的贝壳一般都呈卵圆形，壳面非常光滑，而且有着各种各样的美丽花纹，就像人工制造出来的工艺品。现在，宝贝远没有古代那样贵重了，但仍不失为美丽的装饰品和观赏物。

牡蛎、蛏子、蚶子、贻贝、扇贝等都是经济价值很高的贝类。

牡蛎又叫蚝，是我国海产品中最重要的一种。它营养非常丰富，肉中有一半以上是蛋白质，脂肪和糖类也很多，还含有多种维生素和矿物质，是许多人都爱吃的海产品。它能增强肌体的免疫力，促进幼儿大脑发育，增进智力，西方人将它誉为"海中牛奶"。它不仅能鲜吃，还可制成蚝肉干。我国养殖牡蛎有很悠久的历史，宋代就有"插竹养蚝"的记载。

蛏子、蚶子、扇贝和贻贝也都是营养丰富、味道鲜美的海产品。扇贝长得像扇子，它的肉柱就是有名的干贝。

贻贝就是我们平常叫做淡菜的海贝。

这些海洋贝类，我国沿海都开展了人工养殖活动，产量很高，为人们提供了价廉物美的大众化食品。

有两种贝类是船舶和码头的大敌。船蛆，也叫"凿船贝"，它喜欢吃木头，常把木船的船底或木码头凿出许多小洞，带来很大的破坏。还有一种凿穴蛤，会凿石头，把石头挖空，对海港码头、防波堤威胁很大。我国塘沽新港的防波堤，就曾遭到它的侵害。

对付某些海洋生物的破坏作用，民间有许多简便而行之有效的办法。沿海人们很早就采用在船底涂上有毒药物，或者用火烤焦船底，来防止船蛆的侵害。后来，又采用防污漆来涂刷船底，防止海洋生物附着。凿穴蛤不能凿坚硬的花岗岩，如果采用这种材料修建码头或防波堤，就能防止它的破坏。

实际上，不仅是海贝，也不仅是船蛆和凿穴蛤，许多海洋生物都有附着作用。这些附着生物对固体表面的附着会造成被附着物的破坏。如果海洋附着生物在船底大量附着和生长，便可使每平方米面积增加几百千克重量，这样一来，船体重量增加了，船底表面粗糙度加大了，航行阻力也会增加，燃料消耗当然就多了。海洋生物附着过程分泌的酸性物质，又有腐蚀船体和堤坝、栈桥、码头、水下桩柱等的作用，加速这些物体的损坏。这种由海洋生物附着产生的破坏作用被称为"海洋污损"。

防止海洋污损的方法很多，有机械的，有物理的，还有化学的。不过这些方法都有一些副作用，特别是防污涂料，容易造成海洋污染。

2005 年以来，人们开发了许多新的防污技术，如纳米技术，微包覆技术和无毒防污材料。尤其是纳米技术，它能使固体表面纳米结构化，使得生物无法附着。这是十分先进的创新技术。

章鱼鳌虾大海战

绝大多数的贝类长着坚硬的外壳，游泳能力很差，不是在岩石上安家落户，就是钻入泥土、木头寄居，本事大一点的充其量也只能缓慢爬行。不过也有例外。乌贼和章鱼虽属贝类，却没有外壳，游泳本领甚至比鱼类还要高明。乌贼是我国著名的海产，味道鲜美，营养丰富，鲜吃干吃都可。街头小摊贩制作的烤乌贼，现烤现卖现吃，"粉丝"还真不少，青少年尤其爱吃。

乌贼有 10 只长脚，长在头上。遇到敌害时它能喷出墨汁进行自卫，因此又叫墨鱼。大乌贼有 18 米长，不仅能把大鲸打败，小船遇上了它也有危险。曾经有一只小渔船被大乌贼的长脚缠住，渔民迅速用斧头砍断了它的脚，才避免了一场灾难。

长得像乌贼一样的章鱼，也是人们喜爱吃的海产品，肉肥而美。它有 8 只脚，脚上布满强有力的吸盘，所以又叫八爪鱼。它爱躲在岩石缝里，睡觉时有两只脚"值班"

警戒，一有动静，立即惊醒。

章鱼凶猛而机灵，常常为了争夺住处与螯虾搏斗。有人曾描述过章鱼与螯虾搏斗的一段惊险而有趣的情节：

大螯虾身披坚硬铠甲，装配两个大螯，非常威武。它仗着有优良的装备，开始向章鱼进攻，对着章鱼猛冲过去。章鱼机智灵活地向后退缩，用变换身体颜色的方法吓唬敌人。螯虾几次进攻，都被章鱼躲了过去，锐气大挫，斗志开始衰落，逐渐疲劳。章鱼这才乘机发起进攻，伸出两只脚作为先头部队，去吸引对方，试探虚实。螯虾用强有力的尾巴挣脱了章鱼的吸引，迅速伸出大螯把对方的脚夹住。剪刀似的螯平时能把比目鱼切成两半，就连大海龟的头也剪得下来，可章鱼的脚柔软而富于弹性，怎么也剪不断。

章鱼见敌人的武器发挥不了作用，便展开全面进攻，把所有的脚一齐伸了过去。数以百计的吸盘吸住大螯虾，迫使它放开了螯。螯虾不甘心失败，使尽全身气力向前猛冲过去，趁机伸出大螯夹住章鱼的身体。这一突然的夹击，使章鱼异常疼痛和惊吓，不得不放松对敌人的缠绕。

螯虾摆脱了章鱼的缠绕，趁机拼命去夹章鱼的身体。章鱼疼痛难忍，便使出了最后一招，把口内有毒的液汁喷射出来，弄得螯虾头昏眼花，惊恐万状，不得不丢下敌人逃命。但是，章鱼怎肯罢休，仗着一时的优势，猛扑过去，再次把螯虾吸住。毒蛇似的长脚将螯虾越缠越紧，毒汁也开始发挥作用。中毒的螯虾此时只有招架之功，哪有还手之力，只能束手待毙。

章鱼把俘虏押到海底，咬破它的后脑，灌上毒汁，鳌虾便立即死去。筋疲力竭的章鱼坐在鳌虾身上休息片刻，从容地享受着丰盛的大餐。

坚贞情爱赞企鹅

古时候，远航的船只遇到鼓翼而飞的海鸥时，水手总是十分欣喜，因为这预示着陆地已经临近。

海鸥是海洋上的一种海鸟。生活在海洋上的鸟种类繁多，它们大多以鱼为生，选择陡峭的海岸作为孵化的场所。

到过西沙的人，无不对这里的鸟类留下难忘的印象。在波涛汹涌的海面上，成千上万的海鸟在自由地飞翔，千姿百态；海边沙滩上，无数的海鸟在修整羽毛，互相嬉戏，欢快雀跃。真是一片翱翔的世界，鸟儿的天堂。这些鸟类中，数量最多的是一种叫红脚鲣的海鸟，它们白天成群地飞往海上寻找食物，晚上回到岛上过夜。当大群红脚鲣鸟飞落下来时，绿色的树林顿时一片白色。当地渔民掌握了这种海鸟的生活规律，白天跟着鸟群扬帆而去，在它们觅食的海域下网捕鱼；傍晚则顺着它们飞回的方向，把渔船驶回海岛停泊。它们犹如可靠的向导，渔民亲切地称它们为"导航鸟"。

不少海鸟是捕鱼的能手。鸬鹚能潜入水中吃鱼，一天能吃 1 千克；鹈鹕的胃口更大，一天消耗 2 千克鱼。有一个海区，海鸟一年要吃掉 9 万吨鱼，而从那里一年捕获到的鱼也不过 10 万吨。可见，海鸟对渔业资源的破坏很大。海鸟不仅吃鱼，也吃其他小动物。有些海鸟十分贪吃，凶猛的白鸥竟能从海鸥嘴中抢夺食物，是许多海鸟的共同夙敌。

海鸟有危害渔业生产的一面，但也有有利的一面，因为它们是一座天然化肥场。海鸟吃着富含蛋白质的鱼类，排泄出肥性很高的磷肥。像秘鲁沿岸有的地方，鸟粪层厚达四五十米，是世界上最大的肥料仓库。我国西沙群岛鸟粪层也很厚，如永兴岛几乎全部为鸟粪所覆盖，藏量也很丰富。这些资源一旦得到合理开发利用，可以有力地支援国家建设。

在所有海鸟中，凫鸟最为珍贵。它的羽毛特别保暖，做一件大衣只要 200 克就足够了。这种海鸟数量很多，集群时常常形成一个"鸟岛"，一些地方已经建立了凫鸟场，使它成为家禽。

大部分海鸟的飞翔能力极强，如海燕最喜欢同暴风雨搏斗，它像箭一样冲破乌云，以大无畏的精神迎接暴风雨的来临。信天翁是海洋中最大的海鸟，展开双翅可达三四米长，能长久地飞翔而不挥动翅膀，并且可以不停地连续飞好几百千米。但这个老练的飞行家也有弱点，它一般只能从浪上起飞，借着波浪向上的力量升腾起来，如果把它放到陆地上或甲板上，便一筹莫展，毫无办法。

在寒冷的南极海区，最引人注目的是一种头戴黑"帽"，身穿黑"衣"，摇摇摆摆地走动着的海鸟——企鹅，它虽属于鸟类，但不会飞，翅膀已变为桨一样的游泳工具。脚上有蹼，所以游得很快，每小时可游 30 千米，比一般船只快得多。它敏捷地潜入水中捉鱼，有时到岸上或冰上休息和孵化。企鹅喜欢集群生活，几万只整齐地站立着，远看好似一支庞大的队伍。它们常常站在那里东张西望，好像在企望着什么，所以人们便叫它们企鹅。

企鹅是主要生活在寒冷地区的一种鸟类，分布在以南极大陆为中心的寒冷海洋里，也有少数生活在南半球比较温暖的地方，总共大约有 18 个品种。南极海洋里的皇帝企鹅，身高 1 米，体重 40 千克，是所有企鹅中最大的，称得上是企鹅之王了。

当南极洲的漫漫长夜快要降临的时候，皇帝企鹅便离开它们生活的海洋，到冰岸上去产卵。它们在水中是游泳的能手，在陆地上行走却十分艰难。尽管这样，它们还是要到冰上去长途行军，走向祖祖辈辈产卵的地方生儿育女。虽然这不是太远的路程，离海岸不过 100 多千米，企鹅还是要走一个月的时间。在这段时间里，它们找不到任何可吃的东西，不得不忍饥挨饿，靠着身体里积存的养分过日子。它们一面行走，一面彼此寻求配偶，道路虽然艰辛，生活却充满愉快。

6 月时分，企鹅到达目的地。它们立即到大冰丘背风处选择适宜产卵的地方。它们双双对对地依偎在一起，怀着无限的喜悦，盼望着那唯一的一枚卵的降生。它们等呀等，终于有一天，卵产下来了。它们又双双地唱起歌儿，表示热烈的庆祝。

雌企鹅一个多月未吃东西，产完卵，自己先到大海里去饱餐一顿。雄企鹅接过卵，把它小心翼翼地藏在身体下面，用柔软的腹部盖住，任凭狂风、飞雪、严寒袭击，它总是一动不动地待在漆黑的冰原上，专心致志地尽自己的天职。不过有一点它是放心的，在黑沉沉的极地冬夜里，没有敌害前来捣乱，无须再为安全而担忧。这恐怕就是它们选择这种时候孵卵的一个原因吧。

天气越来越冷，零下 50 摄氏度是常有的事。孵卵的企鹅能经受住这样的严寒吗？不用担心，大自然给它们造就了一身御寒的本领，它们遍身长满鳞皮状的羽毛，皮下积蓄着一层厚厚的脂肪。这两件御寒的"衣服"，狂风吹不进，严寒浸不透，零下 50 摄氏度以下它们照样能安全地伏在冰上产卵、孵化。而为了使卵保持一定的温度，雄企鹅还会将卵黄囊紧闭，为后代的出生创造一个更加温暖的小天地。

时间一天一天地过去，雄企鹅身体里积存的养分越来越少，精力有点支持不住了。但是为了孩子的出生，它仍然坚定地、一丝不苟地尽着自己的职责。

经过两个多月含辛茹苦的孵化，小企鹅终于破壳而出了。大约再过一个星期，雌企鹅回来了。它凭借往日熟悉的歌声，很快找到了自己的家，身强体壮、羽毛闪闪发亮地出现在望眼欲穿的雄企鹅面前，开始担负起哺育小企鹅的重任；而雄企鹅便到大海里去吃食。小企鹅在母亲的哺育下迅速成长。过了一些日子，吃得饱饱的雄企鹅也回来了。双亲共同照料孩子，小企鹅长得更快。夏季来临时，小企鹅便跟随父母到大海里去生活。这时海岸的冰已经融化了许多，去大海的路程大大缩短，小企鹅是有能力走完的。而且，海洋里的食物这时也由于温暖阳光的照射逐渐增多起来，小企鹅能够很容易地找到食物。由此可见，企鹅的这种安排不是偶然的，是大自然所赋予它们的，也是对南极环境适应的结果。要不，它们就无法在这里生存了。

最大动物话鲸鱼

大象可称得上庞大的动物了吧，可它在海洋中的鲸面前，却算不了什么。生活在海洋里的鲸，最大的有四五十头亚洲象那么大，有三十几米长，一百五十多吨重，光舌头的重量就足以超过一只小象的分量。它要是张着嘴，人站在嘴里，举起手来还摸不到它的上颚；在它嘴里放一张四方桌，四个人围坐桌子吃饭，还显得相当宽敞。可见，鲸真不愧是世界上最大的动物。

鲸虽然也叫"鲸鱼"，实际并不是鱼，因为它不像鱼那样用鳃呼吸，而是和陆上许多动物一样用肺呼吸。鲸是胎生的哺乳动物，这也和鱼不同。鲸在水中游一阵子，头部就要伸出水面换气，还喷出一股海水，形成高达好几米的水柱，宛如海上喷泉。

鲸分两大类，七十多种。一类口中有齿，只有一个鼻孔，叫做齿鲸，如抹香鲸、逆戟鲸、独角鲸、虎鲸等；一类口中无齿，有两个鼻孔，叫做须鲸，如长须鲸、蓝鲸、座头鲸、灰鲸等。

鲸的身体这么大，它们吃什么呢？须鲸主要吃小鱼小虾。它们在海洋里游的时候，张着大嘴，把许多小鱼小虾连同海水一齐吸进嘴里，然后闭上嘴，把海水从须板中间滤出来，把小鱼小虾吞进肚子里，一顿就可以吃两千多千克。齿鲸主要吃大鱼和海兽。它们遇到大鱼和海兽，就凶猛地扑上去，用锋利的牙齿咬住猎物，很快就吃掉了。有一种号称"海中之虎"的虎鲸，常常好几十头结成一群，围住一头三十多吨重的长须鲸，几个小时就能把它吃光。

鲸每天都要睡觉。睡觉的时候，总是几头聚在一起，找一个比较安全的地方，头朝里，尾巴向外，围成一圈，静静地浮在海面上。如果听到什么声响，它们立即四散游开。

鲸的用处很大。一头大鲸，可炼出三万千克油。这种油可制肥皂、颜料、人造牛油、蜡烛、润滑油以及国防上用的硝化油等；鲸皮可制皮箱、皮鞋、皮包；有的鲸肚子上的皮可制电影胶片；鲸的肝可提炼鱼肝油，含大量维生素 A，营养很丰富；鲸骨磨成粉，是很好的肥料；牙齿和须也可用来制装饰品和日常用具；抹香鲸肠子里分泌的龙涎香，可作高级香料和镇静剂的原料。鲸肉也是美味的食品。鲸身上样样都是宝。

鲸每胎只生一头，两年生一次。虽然有的小鲸一出世就有六七米长，五六吨重，但长大成熟还需要二三年的时间，所以海洋里的鲸数量并不太多，加上一些国家的滥捕滥捉，数量就更少了。因此，保护鲸资源，是全世界共同的责任。国际捕鲸委员会已先后将一些鲸种宣布为禁捕的保护对象。但是，一些国家出于商业的目的，仍然对鲸肆意捕杀，引起许多国家的强烈不满。1986年，国际捕鲸委员会通过了《全球禁止捕鲸公约》。2006年6月18日，在第58届国际捕鲸委员会上，反对捕鲸的国家又一次挫败了要求恢复捕鲸的提案，反映了人类保护海洋生态环境的正义呼声。

鲸不仅能吃能用，还能帮助人们进行科学研究。2007年6月，美国华盛顿大学极地科学中心应用物理试验室的科学家们，开始利用鲸来研究海洋水温和气候的变化。他们说，研究海洋水温和气候变化，为什么只能借助于海温测量仪、气象气球、海洋和气象卫星，以及深海钻探和冰原钻探等方法呢？他们另辟蹊径，在三头独角鲸身上装了卫星传输设备，然后跟踪它们的行踪，来测定某一海域的水温的变化，从而研究气候的演变。

鲸的老家原本在陆地，它根本不会游泳，是个地道的"旱鸭子"。后来，由于环境的变迁和生物的进化，它们才迁居到了海洋。尽管它们搬了新家，却仍旧保留了陆上哺乳动物的许多习性，但已和陆地完全失去了联系，并且为了适应水中的环境，渐渐变成了鱼的形状，成为海洋真正的居民。

海洋里有不少哺乳动物，似乎还"留恋"它们的老家，不时来到岸上繁殖或休息。海豹和海象是游泳的高手，虽然在陆地上步履艰难，但陆上常有它们的踪迹。

圆头尖嘴、花斑灿烂的海豹，能在许多地方的公园里见到，它原是生活在寒冷的海中，生育时来到冰上或远离大陆的海岛，以保证小海豹的安全。

海象也生活在寒冷的海洋，一对又长又大的门牙是御敌和挖掘食物的工具。它们常常成群到冰上或岸上休息。为集体的安全派出一两个"值班员"巡逻警戒，遇到敌情，"值班员"大声吼叫，海象群立即采取行动。如果船员在茫茫大海之中听到这响亮的吼声，便预示着冰山的临近，所以航海者常常夸奖海象是保证航行安全的冰山预报员。

海狗在岸上行走得很好。它长得像海豹，常被人们训练成顶皮球的能手。但它主要仍生活在水中，食量很大，一天要吃几千克鱼，仅白令海峡一个群岛上就有大约四百万只海狗，一年消耗七百万吨鱼！虽然它给海洋渔业带来损害，但它的皮毛美丽而富有光泽，它的肾脏是极佳的药物。

海獭虽然也是海洋哺乳动物，陆地仍是它的第二故乡，它们来到岸上生育小水獭，又常在岸边享受太阳的温暖。海獭的皮毛柔软、美丽、蓬松，像丝一样，经济价值很高。

北极熊生活在冰天雪地里，能在水中追逐猎物，但和陆上动物已没有什么区别了。别看它身躯庞大，初出生的小熊才只有几两重呢！其他的海洋兽类还有海狮、海驴、海狸等，也都有一定的经济意义。

├ 聪明海豚人之友

2006 年 10 月 1 日，深圳海洋世界的海洋馆内座无虚席，游客们饶有兴趣地观看海豚"来发"的表演。正当人们为精彩的表演热烈鼓掌时，一个 13 岁的女孩容容突然张开双臂，冲着正卖力表演的海豚使劲喊道："来发，过来，我在这儿呢!"

说时迟，那时快，一只海豚一个急转身，向着容容飞速游来，猛然来了个腾空鱼跃，顿时赢得一片惊喜的喝彩。

为什么一个女孩子，能够把海豚呼唤过来呢？原来海豚来发不仅是她的好朋友，而且还是她的治病"医生"，是海豚来发把容容的脑瘫病治好了的。

为什么海豚能够给人治病呢？因为海豚是非常聪明的动物，它发出的多种波长的高频超声波，对人的中枢神经有激活作用，对脑瘫患者的神经能产生强烈的良性刺激，激活患者处于"休眠"状态的神经细胞。

英国科学家也认为海豚可治疗抑郁症。2005 年，英国莱斯特大学精神病学家克里斯蒂安·安东尼奥利和迈克尔·雷弗利做过一个试验，证明与海豚亲近、玩耍的抑郁症病人，其疗效比常规疗法的有效率高 2 倍。他们认为，哺乳动物之所以具有康复治疗功能，是因为在与海豚交流过程中，人与海豚之间的互动、视觉美感、情感交流发挥了作用。

其实，很早以前，就流传着许多关于海豚与人情感交流的趣事。

1656 年，在太平洋西南岸新西兰的奥波伦尼镇，海豚奥波的故事使人们久久不能忘怀。这年春天，当海水渐渐变暖的时候，有许多海豚到奥波伦尼岸边游水。海豚在蔚蓝的海水里尽情地玩耍，引起许多游泳者的注意。后来，海豚每天前来嬉戏，人们渐渐地熟悉了它们。其中有一只海豚，常喜欢游到人群里来，人们就给它取了个名字叫"奥波"。奥波每天要在这里逗留六个小时，其余时间就到平静的海湾找东西吃。有一次竟让一个叫贝克尔的女孩子骑在背上去海里游了一阵，后来又多次让其他小孩也骑着游玩。

1965 年，苏格兰福思湾也出现了一只奇特的海豚——查理。它和快艇、冲浪运动员进行比赛，同一个叫斯文森的女孩子友好相处达数月之久，跟奥波一样十分讨人喜欢，给人们带来不少乐趣。

1968 年 8 月，在苏联耶夫帕托里亚海滨浴场附近，有一只名叫阿里法的小海豚，在那里整整逗留了一个月，经常游近游泳的人群，同他们一起玩耍。人们喂给它鱼吃，抱着它，用手抚摸它，相处得十分亲热。这只小海豚还经常游到码头附近，向坐在那里钓鱼的人讨鱼吃，有意思极了。

海豚不仅能认人，和人玩耍，还能救人哩！

1949年的一天，一个妇女在离岸三米远的齐腰深的水里走着，突然被浪头卷入海中。她挣扎着，喝了许多海水，失去知觉。在半昏迷状态中，忽然感到有一股力量猛地向自己一推，把自己推上了沙滩。几分钟后，她苏醒过来，想要寻找推她的人。可是，找了半天，也不见一个人影，只见离她大约六米远的水中有一只海豚在跳游。

1964年，日本一艘名叫"南阳丸"的渔船在沿岸不幸沉没。船上十名船员中有六人很快淹死了，另外四人也奄奄一息。就在这时，两只海豚匆匆游向他们，自动钻到他们身体下面，把他们背起来，每只海豚驮着两个渔民飞快地向前游去，一直游了六七十千米，把他们安全地送到了岸边。

1981年1月底，"谭布马斯二号"船在爪哇海航行途中发生火灾，熊熊的大火威胁着全船人的性命，并使船身不断下沉。一对领着三个孩子的夫妇，不愿看到自己的孩子活活被火烧死，便把十一岁的华兰杜和他的两个弟弟一起扔进大海。三兄弟一下海，就有一群海豚游来托着他们，直到救生艇把他们救起为止。而孩子的父母却在这次海难中丧生。

这些现象，令人十分惊讶。

从海豚身上似乎可以发现什么问题，人们开始对它进行研究。

在观察驯养的海豚时，证实海豚有认识目标的本领。不仅如此，人们还发现，不管水池里的水多浑，海豚也能迅速而准确地找到扔给它的食物。

起初，人们以为海豚能准确地识别目标，是因为它有一双特别敏锐的眼睛，可是把它的眼睛蒙上，它仍然"看得见"。进一步所做的试验说明，海豚主要不是靠眼睛寻找目标的。尤其令人奇怪的是：在一个水池里悬挂两条外形完全一样的鱼，一条是真鱼，一条是用塑料做的假鱼，还设下了许多障碍，蒙住眼睛的海豚却能绕过种种障碍，迅速向真鱼游去。经过两百多次试验，都正确无误。这告诉我们，海豚不仅有寻找目标的方法，也有判断目标性质的本领。反复研究后，终于揭示了奥秘。

人们已经用仪器测到了海豚能发出各种频率的声音，就是这种声音，才使得它们有敏锐的识别目标的能力。当声音遇到物体反射回来时，海豚又有特殊的接收装置。根据声音反射的情况来判断目标的远近、方向、形状，甚至物体的性质。如果进一步研究，仿照海豚的机制，制造出更为先进的水中声呐装置，是完全可能的，这在国防上和国民经济上有很大的意义。

渔民和海员都知道，海豚是游泳能手，每小时可游四十千米，能把船只远远抛在后头。海豚一般只有二三米长，几百千克重，虽然有流线型的体态，按照常规，似乎没有那么大的力量使它游得那么快。经过长期的观察、研究，发现海豚的皮肤是很松软的，皮肤外层的许多小管充满海绵物质，游泳时，整个皮肤表面能按水的紊流作波浪起伏，变得和水波的形状一样，这就能大大减少水的摩擦阻力，看来，这就是海豚游得快的主要原因。

人们模仿海豚的皮肤，造出一种柔软的特殊塑料，来包住潜艇的钢壳，果然潜艇的速度大大提高了。

海豚是一种进化到高等阶段的哺乳动物，人们测定了它的脑子重量与身体重量之比，远远超过黑猩猩的百分比，是动物中脑子最发达的。所以，它不仅能打乒乓、跳火圈，还可学会比较复杂的动作。有人曾训练海豚和猴子开电源开关，普通的猴子几百次才能教会，海豚只二十次就会了。有一只海豚最聪明，五次就能掌握。人们已成功地训练海豚去深海完成某些科学探测任务。经过训练的海豚，可以侦察到鱼群的行迹、海底形状和矿藏所在，甚至还可担任海港警戒、潜艇侦察、执行深海爆炸任务，抢救落海人以及寻找在海上失落的飞机及海底沉船等。

由此可见，研究生物的特殊构造和功能，可以设计出许多性能良好的仪器、设备和武器，更好地为工农业生产和国防建设服务。

大海带来健与美

人们不仅向大海索取原料和食物，也向大海索取药物。数量众多、品种繁杂的海洋生物，是医药原料的一个重要来源。大约在两千年前，我国就有用乌贼骨和鲍鱼治病的记载。后来，《本草纲目》等著作中，涉及的海洋药物多达百余种。目前，我国的中成药有30%来自海洋。在我国的中药里，有不少传统的海洋药物至今仍然在广泛地使用。鱼肝油、琼胶、精蛋白、鹧鸪菜、胰岛素以及中药所用的一些海味，都是历史悠久、疗效很好的海洋药物。《中华人民共和国药典》就收载了海藻、瓦楞子、石决明、牡蛎、昆布、海马、海龙、海螵蛸等许多种，其他还有玳瑁、海狗肾、海浮石、鱼脑石、紫贝齿及蛤壳等。当然，人们熟悉的珍珠、海参、紫菜、裙带菜、江蓠、石花菜、麒麟菜和巨藻等也都能入药。

但是，科学发展到今天，人们已不仅仅停留在直接用海洋生物来治病的初级阶段，而是发展到生理活性物质分离提取和临床研究的新阶段。

人们从海藻、海洋动物和微生物中提取了抗菌素、抗癌药、止血药、麻醉剂和降血压的药物。从海洋微生物中提取的头孢霉素及其化合物，是杀菌能力很强的一种抗菌素，不但能消灭革兰氏阳性、阴性杆菌，对青霉素不能杀死的葡萄球菌也有效力。

近些年来，我国研究了许多新药，已有 6 种海洋药物获国家批准上市，如甘露醇烟酸脂、藻酸双脂钠、甘糖醇、河豚毒素、角鲨烯、多烯康等。甘露醇烟酸脂和藻酸双脂钠是从海藻中提取的，它们对心血管病的防治有奇效。藻酸双脂钠的提取曾获第十五届国际发明金奖，它对缺血性心脑血管疾病和高血黏度综合症疗效显著。甘糖脂是高效低毒的降脂抗栓药。以鱼油为原料生产的多烯康，也有降血脂、抑制血小板聚集及延缓血栓形成的作用。进入临床研究的海洋药物就更多了。

牡蛎是大家都吃过的美味海鲜，可是它不仅仅能吃，还能提取治高血压、动脉硬化、冠心病、慢性肝炎、免疫力低下的药物。螺旋藻、蓝藻里面含有大量的β－胡萝卜素、维生素、γ－亚油酸和蓝藻蛋白，除了能降低胆固醇、防止心血管系统疾病外，还有抑制癌变的作用，已经初步形成了生物技术产业。海洋微生物具有降血压、扩展血管、减少脂肪积累的功能。

人们在享用虾、蟹等海鲜后，它们的甲壳就当作垃圾扔掉了。可是，科学技术却能变废为宝，从中提取甲壳素，制成人造皮肤，这实在太奇妙了。不仅如此，美丽的珊瑚除了可以用作装饰品，现在还可以用来修补人体骨骼。奇妙的是，人的新生血管能随造骨细胞一起，在珊瑚材料的空隙里生长，使骨折部位迅速恢复正常。现在美国、法国和英国等国都进行了人骨修补手术，取得了很好的效果。

现在，世界各国对海洋药物的研究正搞得热火朝天。美国癌症学院自然产品实验室收藏了两万多件海洋生物样本。研究人员认为，海洋中丰富多彩的生物物种，无论是大是小，是强是弱；也无论是游泳本领高强，还是没有多少游泳能力；更无论是身披坚硬铠甲，还是全身柔软如水，它们都能适应环境，很好地生存下来，说明它们具有天然的自卫本领和抵御疾病的能力，而其中不乏充满活性分子、利用化学方式保护自己的海洋物种，从它们身上，无疑能够筛选出许多治疗疾病的药物。

癌症是仅次于心血管病的第二号杀手，虽然已研制了不少抗癌药物，但似乎还没有哪种能显出特殊的效果，因此人们往往谈癌色变。可是，海洋里的鲨鱼却很少有得癌症的。美国科学家把致癌力特强的黄曲霉素饲料喂饲鲨鱼，8年的试验，竟没有发现一条鲨鱼生癌；甚至将癌细胞活体用人工接种的方法直接移植到某些鲨鱼身上，也无济于事。这说明鲨鱼对癌症有天然的免疫力，它的身体能分泌出抑制癌细胞的物质。为此，各国科学家都致力于研究提取这种物质，并取得了一定的成效。

海中不仅可以采药，还能提取保健品。

只要你稍加留意，就会发现市场上到处有销售深海鱼油的广告。同样，只要你细心观察，就会发现，无论是老人还是孩子，许多人都在服用深海鱼油。

这是为什么？这是因为老人们想长寿，孩子们想聪明。

老人想长寿，预防心血管病十分重要。孩子想聪明，必须使大脑发育完好。

难道深海鱼油能预防心血管病？难道深海鱼油能促进大脑发育完好？

不妨看一项调查报告：欧美国家的人很少吃鱼，平均每人每天仅 20 克，患心血管疾病的人特多；日本人吃鱼较多，平均每人每天 100 克，患心血管疾病的人就少了；而生活在格陵兰的以渔业为生的因纽特人，平均每人每天吃鱼竟达 400 克，他们几乎从来不患这种病。由此不难看出，吃鱼的多少与心血管病发病率的高低有密切的关系。

不妨再看一项调查报告：日本人喜欢吃鱼，吃母乳长大的孩子，其学习记忆力较之美国和澳洲的孩子要高一些；断乳后经常吃鱼的孩子，较之不常吃鱼的孩子要聪明一些。不难看出，吃鱼的母亲的奶和多吃鱼的孩子与聪明之间的关系有多密切。

这又是为什么呢？原来这与海鱼、特别是深海冷水性鱼类的脂肪（即鱼油）中所含的丰富不饱和脂肪酸有关。这种不饱和脂肪酸里含有大量的 EPA（二十碳五烯酸）和 DHA（二十二碳六烯酸，俗称脑黄金），而 EPA 有降低血液胆固醇和甘油三酯的作用，又有抗血小板凝集和扩张血管的作用，所以能预防心血管病的发生；DHA 则对增进大脑神经功能，促进视网膜发育有独特作用。也就是说，深海鱼油既可使老人少患心血管病，起到延长寿命的作用；又可使儿童大脑功能增强，更加聪明。

海中采药已显示出良好的效果，海洋也必然会成为一个巨大的医药仓库。

十三、向海洋要地要空间

├─ 上帝造海人造陆

地球上人口迅速而急剧地增长，不仅给人类造成粮食、能源、资源危机，土地和空间也变得十分紧缺。耕地面积越来越少，生活空间越来越狭小，工业用地也是捉襟见肘，于是，人们不约而同地把目光转向海洋，向海洋要土地，向海洋要空间。

提起向海洋要地，人们首先想到的是荷兰。荷兰全国1/5 的土地均位于海平面以下。为了生存，荷兰人民世世代代都在向大海挑战。他们修造堤坝，抵御海水入侵；抽水排涝，促使湿地变干；挖掘沟渠，冲刷土中盐碱。经过800 年的不懈努力，通过围海造地，把原先沉没的海底变成良田，使国土面积增加了1/5，这是多么了不起的成就。现在，荷兰的堤坝绵延 2400 千米，有效地保护了国土不受海洋的侵害。荷兰人自豪地说："上帝造海，荷兰人造陆！"

现在，世界上许多国家都在与海争地，向海洋要空间，一方面固然是希望增加耕地面积；另一方面则是借此开辟新城，建造空港，兴建工厂、仓库、倾废空间和海底军事设施；再则便是修筑人工岛，打造海上城市，开凿海底隧道，架设跨海大桥。这些庞大的海洋工程，虽然耗资巨大，耗时很长，但许多沿海国家和岛屿国家仍然不遗余力地进行，向海洋要土地、要空间的活动长兴不衰。

├ 日本国土将增一倍

日本国土狭小，地少人多，围海造地历史悠久，沿海城市有约 1/3 的土地是向海洋索取的。其中有三项工程引人注目。

其一是东京的填海工程。东京是日本的首都，世界特大城市之一，人口 1100 多万。400 多年前，它还是一个小小的渔村，只是靠了大海的恩赐，才为它奠定了成为国际大都市的基础。可以说，东京的发展过程，就是围海造地的过程。现在东京的许多土地，都是通过移山填海得来的。20 世纪 80 年代以来，由于生产和消费的高度发展，东京垃圾成堆，带来严重的问题。凭借先进的科技力量，东京人开始将垃圾与泥沙相混，经过处理，变成填海的主要材料，使东京的填海工程进入一个新的阶段，既解决了垃圾的出路，又增加了填海的材料，一举两得。

其二是关西国际机场填海工程。关西国际机场是目前世界上最大、最现代化的海上机场之一，位于大阪东南 5 千米，1994 年启用。由于它远离市区，对居民影响较小，可以昼夜使用，这也是建造海上机场的一个好处。该机场通过 5 年的填海作业，用了 1.8 亿立方米土方，在原先 17～18 米深的大海里建造起来，占地 511 公顷。采用玻璃和金属的高科技派风格，蔚为壮观。机场建有一条 3400 米长的跑道，主候机楼长达 1500 米。机场一经落成，就引来建筑界和工程界的无数赞誉，美国土木工程师协会甚至称其为"新世纪的丰碑"。但是运营不久，由于地质条件不佳，海底淤泥太厚，机场开始沉降，现已下陷 10 多米，不得不花巨资维修，并在室内建造防水墙，以防海水渗入。但这并没有阻止日本继续填海建设的决心。他们已开工建造第二期工程，要把它建成拥有两条 4000 米主跑道和一条 3400 米长的副跑道的大型国际机场。

其三是神户人工岛。它是在神户港外水深 10 米的海域，用削平神户西部两座山头的沙石填海建成的。面积 6 平方千米，耗时 15 年，于 1980 年建成。岛的中心区域建有可供 2 万人居住的住宅区，有商业区、学校、医院、邮局等设施，还修建了公园、体育馆。向海的一侧有 3000 多米长的护岸和 1400 米长的防波堤，其余三面是现代化的码头，可同时停泊 20 几艘万吨巨轮，还有神户大桥与陆地相连。

由于填海造地取得的成功，日本人向海要地的热情有增无减。他们制定了一个庞大的计划，用 200 年时间，环绕日本建设 700 个人工岛，其总面积与日本有效的土地使用面积相当。如果计划实现，日本的国土面积将增加一倍。

├── 围海造地热情高涨

新加坡是一个小小的岛国，向海要地的热情自然十分高涨。1965 年新加坡独立时国土面积仅 572 平方千米，经过填海，已向海洋要地 50 多平方千米，如今国土面积已增至 620 多平方千米。著名的樟宜国际机场和裕廊工业区都是填海而来。

摩纳哥是仅有 1.9 平方千米面积的袖珍小国，30 几年来，围海造地使国土面积增加了 11.6%。

韩国的仁川国际机场以及正在建造的釜山新港，斯里兰卡的科伦坡机场，美国的夏威夷机场、日本的长崎机场，都是围海而成。我国的浦东国际机场一部分也是填海建造的。

印度的围海造地也有不小的收获。印度孟买原来只是大陆外的一个孤岛，他们用了近百年的时间填海造城，新增土地 200 多平方千米，使孟买发展成为上千万人口的大都市。

我国早在汉代就开始了围海活动，新中国成立以来又几次掀起高潮，围海造地面积约有 12000 平方千米。如上海到 2010 年累计将促淤 733 平方千米，圈围 400 平方千米，总共向海要地 1100 多平方千米。天津滨海新区建设也仰仗于海洋，到 2010 年，将形成 33 平方千米的成陆面积。沿海各省也都在向海洋进军，争取从海洋那里获取更多的收益。

当然，围海造地带来经济效益的同时，也要对海洋生态环境和海洋的可持续发展可能带来的负面影响予以足够的重视。因为不恰当的围海造地会导致潮差减小，降低港湾的纳潮量和潮水的冲刷能力，从而使海洋的自净能力减弱，水质下降，赤潮频发；会减少滨海湿地，破坏海洋生态平衡；会使海岸线变形，影响自然流场和泥沙运移的规律，破坏海岸和海底的自然平衡状况，容易造成港口淤塞，影响河口排洪；还会破坏海岸景观和历史遗迹。

┃ 世界第八大奇迹

进入 21 世纪，世界上最大的围海造地工程，在阿拉伯联合酋长国近海展现，手笔之巨大，想象之浪漫，前无古人。

波斯湾南岸、阿拉伯半岛东部的阿拉伯联合酋长国，面积 8 万多平方千米，人口 230 多万，海岸线 640 多千米。境内是无尽的黄色沙漠，境外是浩瀚的蓝色大海，地下埋藏着滚滚的黑色石油，人们囊中兜着无数的黄金美钞。这个富得冒油的国家，可用之地却十分稀少，于是也想到了围海造地，增加国土面积，增长海岸线长度。

2001 年，开始动工，耗资 140 亿美元，在迪拜近海打造规模宏大的"棕榈岛"工程。虽然起步不早，雄心却非常之大，宣称建成后，它将是最大的人工岛，世界第八大奇迹，人造的天堂。来头之大，不言而喻。

棕榈岛由一个像棕榈树干、17 个像棕榈树形状的小岛以及围绕它们的环形防波岛三部分组成。从空中鸟瞰，依稀可见巨大的棕榈树漂浮在蓝色海面，"树干"、"树冠"和新月形围坝分辨得清清楚楚。仔细看时，树干和树叶里的那些错落有致、大大小小的建筑物也历历在目。棕榈树象征着胜利，棕榈树具有完美的几何形状，可以最大限度地延长海岸线长度。这两座棕榈岛将使阿联酋的海岸线增加1000 千米。

在棕榈树不远处的海中，还能看到由 300 个小岛群勾勒的一幅"世界地图"，这就是另一个人工岛——"世界地图岛"。在这幅世界地图中，五大洲、四大洋历历在目，就连冰雪覆盖的南极洲也处在当地的炎炎烈日之下。

岛上种植了 12000 棵棕榈树。整座岛屿就是一个巨大的避暑胜地和游乐天堂。有 12000 栋私人住宅和 10000 多所公寓以及各种设施，还有一个水下酒店、一处室内滑雪场、一个与迪拜城市大小相当的主题公园。当工程完工后，可容纳 6 万名居民。

├ 跨海大桥连天堑

建造跨海大桥，是人们向海洋要空间的另类方式。

海上风大、流急、浪高，海水又具腐蚀性，故而在海上架桥有一定的难度，技术要求高，资金投入大。尽管如此，为了使天堑变通途，人们还是希望把海洋的空间予以充分的利用。如今，许许多多的跨海大桥把遥相呼应的陆地、隔海相望的岛屿联结起来，为人类的交往提供了很大的便利，也带给人们以可观的经济效益。

美国的金门大桥是早期的跨海大桥，建在美国旧金山市金山湾的海峡上，全长2824米，即使在高潮，海面与桥底的距离也有67米，巨轮可畅通无阻。它由452根巨型钢缆悬吊着，是一座悬索桥，于1937年5月27日建成通车，被称为世界20大奇迹之一。如今，它就像巴黎的埃菲尔铁塔、纽约的自由女神一样，成为旧金山的象征。

金门大桥用了10万多吨钢材，耗资达3550万美元，这在当时是一笔巨款。整个大桥造型宏伟壮观、朴素无华。独特色彩的桥身，横卧于碧海白浪之上，分外艳丽；华灯初放之时，又如巨龙凌空，使旧金山的夜空景色更加壮丽。可是，浓雾和冬雨常常给大桥带来许多麻烦，致使钢塔容易生锈，工人只能不断地替它刷油漆。这是一项复杂的工作，油漆工必须在移动的架上作业，先用压力清洗，然后上三层油漆，另一位同事绑在依附于钢索的蜘蛛网上检查。尽管不断地刷，钢索免不了还是要生锈，所以500多条钢索不得不分时分段进行更新，维修成本之大可想而知。

为了防止恐怖袭击，保护好这座地标，这张名片，美国旧金山警方曾经想出了一个令人匪夷所思的对策，异想天开地要雇佣25名年轻美女，赤身裸体地站在桥边，用这种谁也想不到的方法来保卫大桥。

这是在说笑话?!

不,这不是说笑话。

那么,裸体美女怎样保卫这庞大的钢铁之躯呢?

旧金山警察局官员解释说,他们已经雇佣了25名年轻漂亮的女子,一旦收到恐怖分子即将制造袭击行动的消息,这些美女就将迅速来到大桥,赤身裸体地站在桥上或者大桥附近,从而使信教的激进分子无法近身搞袭击,以便为警方赢得时间采取对策。

美国安全部门的官员还说,一旦这个反袭击行动获得成功,这些裸体美女还可能被派往自由女神像附近,派往雕刻有美国4位总统巨型头像的罗斯摩尔山和费城著名的"独立厅",执行类似的反恐任务。

这种方法是不是太另类了?它能不能奏效?且看今后的下文吧。

横跨博斯普鲁斯海峡的大桥,建在土耳其伊斯坦布尔市,连接亚洲与欧洲,全长1560米,中央跨度1074米,于1973年建成通车,每天可通行汽车20万辆。它不仅对土耳其的经济发展起到了巨大的促进作用,对加强欧亚两洲的交通和贸易也具有重大的意义。

日本的濑户内海大桥是世界上有名的跨海大桥,横跨日本濑户内海,连接本州与四国。1978年10月10日动工,1988年4月10日通车,历时9年6个月。大桥全长37.3千米,海面部分13.1千米,由3座悬索桥、2座斜拉桥和1座桁架桥组成。由两端的陆地及5个小岛把6座桥梁连接起来。大桥以其宏伟的建筑规模在世界铁路和公路桥中名列第一。桥面为上下两层。上层为公路，4 车道，通汽车；下层为铁路，双线铁轨，通火车。桥墩外层选用软硬适中且防腐的材料，以防止船舶的碰撞和海水的腐蚀。过去，车辆过海需时 2 小时以上，现在只要 40 分钟，而且不受天气影响。

拟议中建造的跨海大桥有跨越渤海海峡的渤海大桥（或隧道），跨越台湾海峡的台湾海峡大桥（或隧道），跨越直布罗陀海峡的欧非大桥，跨越白令海峡的大桥等。

┠ 浩荡东海腾蛟龙

我国已建或拟建的跨海大桥也有多座。

厦门跨海大桥已于 1991 年 5 月 19 日建成通车。全长 6599 米，宽 23.5 米，双向 4 车道。

1999 年 6 月 1 日，我国又建成朱家尖跨海大桥，跨越舟山与朱家尖岛之间的普沈水道。

我国澳门建了 3 座跨海大桥，第三座大桥于 2005 年底通车。

2006 年 1 月 20 日，我国香港—深圳跨海大桥也通车了，它全长 5545 米，宽 38.6 米，双向 6 车道，设计寿命 120 年，为独塔单索面钢箱梁斜拉桥，是我国最宽、标准最高的跨海公路大桥。

2007 年 7 月 1 日，又一座连接香港和深圳的深圳湾公路大桥通车了，这是港深西部通道的跨海大桥，全长4470米，双向6车道，设计时速100千米。我国台湾省在澎湖列岛也建了一座跨海大桥，连接白沙岛与渔翁岛，全长2478米，宽5.1米，于1970年竣工通车。后经改建，于1996年完成。改建后全长2494米，宽13米。

举世瞩目的东海大桥，跨越浩荡东海的杭州湾口北部海域，宛如一条长龙，从上海芦潮港出发，在蓝色的丝绒上蜿蜒至浙江小洋山岛，仿佛给我国东海之滨系上一条亮丽的玉带。它由393根墩柱和360块箱梁支撑，屹立在时而鸟语微波、时而狂涛怒吼的大海的胸膛上，日夜倾听着狂风的呼啸，大海的轰鸣，向全世界显示中国人的自豪与骄傲。大桥全长32.5千米，其中陆上段3.7千米，海上段25.3千米，港桥连接段3.5千米；双向6车道，外加紧急停车带；桥宽31.5米；设计时速80千米；可抗12级台风、7级地震；设计使用寿命100年。东海大桥虽然全长不及濑户内海大桥，但海上段比它长得多。

畅想与玉带弯弓

我国建设的又一座大型跨海大桥，东海大桥的姐妹桥——杭州湾大桥，于2007年6月26日全线贯通，是我国向海洋要空间的又一辉煌成果。

杭州湾跨海大桥横空出世，昂然跨过宽阔的杭州湾，与东边的姐妹相互眺望，好像一对银燕在海空展翅，又好像我国东海近岸的一对明珠，给我国的海疆画上了一笔浓墨重彩，奏出了一首蓝色的畅想曲。它全长 36 千米，世界第一，两岸的陆上连接工程 84 千米，从浙江省嘉兴市的海盐，跨越杭州湾，直指宁波市的慈溪。汽车在双向 6 车道、设计时速 100 千米的银带上奔驰，从上海到宁波的距离将缩短 120 千米，时间缩短一个半小时，这就是 21 世纪的速度！

大桥于 2003 年 11 月 14 日开工，于 2008 年 5 月 1 日建成通车，庆祝举世瞩目的奥林匹克运动会在中国的举办。

2009 年 11 月 2 日，我国舟山跨海大桥中的西堠门大桥和金塘大桥竣工。这是舟山大陆连岛工程中的两座特大跨海大桥。西堠门大桥全长 5452 米，大桥主跨 1650 米，跨径世界第二，国内第一；金塘大桥全长 26540 米，其中海上桥梁长 18270 米，主跨为 620 米的钢箱梁斜拉桥，是目前世界上位于外海的最大跨径斜拉桥。

向海洋要空间的壮举真是层出不穷，要不了一两年，耸立在胶州湾上的青岛海湾大桥又将呈现在我们面前。那是一座总长 35.4 千米、其中海上段 26.75 千米的公路跨海大桥，东起 302 国道，跨过胶州湾，西至黄岛红石岩。双向 6 车道，设计时速 80 千米。它有 3 座外观和结构各不相同的主桥，还有两座漂亮的立交桥，构思独特，气势宏伟，看上去如玉带弯弓飞架于碧波之上，真是卓尔不群，美不胜收。

├ 与大桥异曲同工

开凿海底隧道是向海洋要空间的又一种方法，与跨海大桥异曲同工。由于它建在海底，不受海况和气候的影响，这一点它优于跨海大桥。

1993 年 12 月 10 日，连接英国和法国的海底隧道通车了，这是迄今世界上最长的海底隧道，全长 53 千米，在海底下面 39 米的地层中通过。它由两条主隧道和一条服务隧道组成。主隧道直径 7.3 米，一条供伦敦去巴黎的高速火车通行，另一条供专门运载各种车辆和人员的高速火车通行。服务隧道直径 4.3 米，建在两条主隧道当中，用于通风和维修服务，每隔一定距离有一条横向隧道与主隧道相通。该隧道的建造采用了当时成熟的先进技术，通过充分的调查研究和论证，找到了理想的岩层，设计安全，解决了一些特殊的工程技术问题。

隧道凿通前，乘船从巴黎至伦敦需 5 小时，现在通过隧道只要 35 分钟，因而大大推动了欧洲共同体特别是英法的经济发展。本来这条海峡的交通就很繁忙，隧道开通后，运输交通量猛增了一倍。1999 年召开的世界建筑博览会上，这条海底隧道被评为 20 世纪十大建筑之一。

1988 年通车的日本青函海底隧道建在津轻海峡的海底，连接了日本本州北端的青森与北海道南端的函馆，全长 53.8 千米，其中海底部分 23.3 千米，最深处在海底以下 100 米，离海面 240 多米。隧道建成后，电气火车越过津轻海峡仅需时 30 分钟，而过去乘船则长达 4 小时。这条海峡对日本的经济发展起了很大的作用。

挪威的海岸线较长，又有许多峡湾与岛屿，所以修建了许多海底隧道。仅 20 世纪 70 年代以来就建了 20 多条，还准备继续造下去，包括拟在 630 米水深建造长 132 千米的哈来得海底隧道。丹麦也有许多岛屿，也借隧道来沟通。

许多国家在计划开凿海底隧道。1986 年日韩之间就酝酿修建海底隧道，因故搁浅，2007 年，旧事重提。他们打算修建的隧道从韩国的巨济岛经对马海峡到日本九州的唐津市，长度约 230 千米，为英吉利海峡的 4 倍多。日俄也在商讨开凿从北海道到萨哈林岛，最终通往俄罗斯内陆的海底铁路隧道。最令人瞩目的是拟议中的连接俄美两国的白令海峡海底隧道工程，其水下部分长 103 千米。一旦建成，它将把世界大陆连在一起，到时从美国乘车旅行，可直达南非开普敦。

我国今后二三十年内拟建 6 条海底隧道。一是翔安海底隧道，连接厦门市本岛与翔安区，于 2005 年开工，已于 2010 年通车，全长 8695 米。二是烟台到大连的渤海湾海底隧道。三是从上海到宁波的杭州湾海底隧道。四是香港、澳门到广州、深圳、珠海的伶仃洋海底隧道。五是广东到海南的琼州海峡海底隧道。六是从福建到台湾的台湾海峡海底隧道。另外，与青岛海湾大桥衔接的也有一条海底隧道。隧道北起团岛，南至薛家岛，长 5550 米，其中海上段长 3300 米，双向 6 车道，设计时速 80 千米，设计寿命 100 年。它与青岛海湾大桥形成南隧北桥的格局，雄踞胶州湾，成为"青岛至兰州高速（M36）"青岛段的起点。

┠ 海上城市别具一格

如果说海上机场、跨海大桥和海底隧道为人们争得了许多海洋空间，提供了许多便利，那么，海上城市将把人类带回生命的摇篮，去享受一种全新的生活。在陆地上建一座城市已不是一件容易的事，在海上建城就更难了。复杂的海况，恶劣的天气，腐蚀性的海水，无时无刻不在威胁着城市的安全，尽管人们有重返老家的愿望，但谁也不知道海上城市该如何建造。这方面，日本人成了勇于吃蟹的第一人，他们于 1975 年冲绳国际海洋博览会上展出了一个海上城市模型，那是由 4 个巨大的浮筒，而每个浮筒上又有 16 根大柱子支撑的平台，平台 100 米见方、高 32 米。浮筒沉在水下 20 米深处，那里波动微弱，可保证城市的平稳。实际上这就是一个半潜式大平台。平台有三层甲板，住宅、办公楼、学校、医院、商店、娱乐场所等都建在每层甲板上。还配备发电设备、空调设备、海水淡化装置和污水处理设施。每层甲板有自动扶梯连接。水下部分装上了观察窗，配以水中照明灯光，可以观赏到美丽的海底景色，这是陆地城市所没有的。它可同时接待 2000 多人。

后来，日本人又打算建造一座可容纳 100 万人居住的海上城市。思路是把浮筒放在 100 米深的海底，有点像座底式石油平台。日本政府还批准建造一座能容纳 150 万人的海上信息城，使其成为日本海洋城市通信的中心。

一位美国富翁别出心裁，想建造一座移动的海上城。按照设计，它比世界最大的客轮"玛丽皇后"号还要大 3 倍，重达 300 万吨，有 25 层楼高，由钢和玻璃构成。城中有 18000 套客房、3000 家店铺、医院和主题公园。拥有一个普通商用机场，一个码头，用以接送观光客人。甚至还铺上了轨道交通。它取名叫"自由号"。但不知这座"自由号"海上之城何时能够诞生。

不过，不久的将来，上海倒是有可能会出现一座真正的水上城市。2007 年 7 月初，荷兰德夫科技大学的工程师格拉夫来到上海，介绍他们为 2010 年上海世博会设计的"浮动城市"。这是连在一起的三个透明大球，面积约 8000 平方米，高 30 米，借助一根打入水底的直径 4 米的巨型混凝土桩柱来固定。球体完全封闭，上端开口。球内有通风设备，有电影院、舞厅、展示厅和会议厅等设施，能同时供数千人在里面跳舞。而城市的动力则来自水、风和太阳等自然力，无需耗费燃料。废水排放之前则经过净化处理，所以对环境不产生污染。

海上军事基地

利用广阔的海洋空间建造军事基地是一些国家的梦想。

日美两国计划在驻日美军基地外海造一个大型浮式海上机场。建成后，把驻横须贺的美军基地的 70 架飞机移驻于此。这是日美联合打造"离岸基地"计划的试验。美方设想，到 2015 年，他们将拥有世界上最大的海上军事基地，届时可大大缩短美军的后勤补给线，使其打击范围无限延伸。

为了利用空间，也为了安全，许多国家把仓库也建到了海上。海底温度低，远离人群，远离火源，是存放粮食、食品、石油、材料、危险品及废料的理想地方。挪威、美国、日本等国都在海底造了油库，我国也在青岛近海造了一个面积 3 万平方米的储木场，既节约了陆上空间，又可避免木材被暴晒，可算是一项新技术。未来的海洋，必将成为储存各种物品的大仓库。

十四、大海的光与声

├─ 摩西分红海的故事

我们平常总爱说蓝色的海洋，这说明海洋是蓝色的。但是，你知道不知道，海洋并不全是蓝色的，它也是五彩缤纷，甚至还有七彩的海洋。

你听说过红海吧，它的一些海域就微微发红，所以人们称它为红海。

红海不仅颜色另类，历史上，它也有着太多的传奇。《圣经·旧约》里有一篇十分著名的《出埃及记》，就记述了摩西分开红海的故事。

摩西是公元前 13 世纪犹太人的先知，小时候和许多犹太人在埃及当奴隶。这些犹太人刻苦勤奋，擅长贸易，积攒了许多财富，因而遭到埃及法老的嫉恨和不满，要对他们大肆屠杀。摩西得知消息，率领大批埃及人仓皇出逃。埃及法老拉美西斯二世怎肯善罢甘休，亲自率大兵追赶。摩西领着队伍临近红海岸边时，瞧着远处海水波涛滚滚，挡住去路，心情万分焦急。眼见追兵迫近，无数生灵即将死于非命，万般无奈，他大声向上帝求救。上帝一面安慰摩西不要惊慌，要他带领犹太人继续前行；同时给他一根魔力手杖，要他举杖伸向红海。

摩西按照上帝的旨意，告诉犹太人不要停止脚步，自己则举起魔杖用力向红海一指。突然，天空乌云四起，狂风大作，红海的水在狂风的吹刮下，渐渐向两旁分开。一夜之间，宽阔红海中央的海水竟然踪迹全无，海底袒露出来，变成干涸的陆地，向两边分开的海水也神奇般地变成了两堵高墙。

犹太人赶到岸边，欣喜地见到阻挡去路的海水已经退去，便马不停蹄地向前奔去。可是天色已晚，漆黑开始笼罩着大地，泥泞和崎岖的海底使前进的人群遇到很大困难，只好减慢速度，有时甚至不得不停下脚步。埃及追兵渐渐逼近，摩西和犹太人面临死亡的威胁。

为了拯救这些无辜的犹太人，上帝又命令大地喷出强烈的火，用火喷发出的光来照亮大地，用火山形成的云柱指引前进的人群。《出埃及记》这样描述当时的情景：

> 主啊，来到他们面前。
> 白天用云柱指引他们，
> 夜晚用火柱照亮他们。
> 无论白天还是夜晚，
> 使他们都能前进。
> 白天的云柱，

夜晚的火柱，

从未在他们面前消失。

追赶的埃及大兵见此情景，虽然十分惊奇，却也满心欢喜，以为这是上苍给对方设置的陷阱，阻止对方继续前行，所以完全有把握追上那些犹太人，把他们斩尽杀绝。法老毫不犹豫地命令所有士兵连同马匹、车辆跟着下海。然而，就在此时，奇妙的云柱顿时变成变幻莫测的火柱，挡住了埃及军队的去路。士兵们惊恐万状，狼狈不堪。战马在颤抖，车辆故障频出，埃及军队一片慌乱，不得不掉转脚步往回跑。而此时犹太人已经全部安全抵达彼岸。

上帝并没有饶恕这些埃及人，他令摩西再次伸出魔杖，将凝固的海水复原。顷刻之间，耸立在两边的高墙顿时吼声大作，迅速化成海水，以雷霆万钧之力向海的中央涌去。埃及军队的人马来不及躲闪，全被卷入红海汹涌的漩涡中。

犹太人亲眼感知了上帝的无边法力，目睹了他们的仇敌遭到报应，不由得肃然起敬，再也忘不了这段奇妙拯救的经历。

摩西分红海拯救生灵的故事，虽然长久地在后人尤其是基督徒中广为流传，但也有不少人心怀疑虑，认为这或许只是一种传说而已。然而2011年时，一些科学家根据他们的研究，提出了故事可能是真实的论断。美国大气研究中心的研究人员用电脑进行模拟，以每秒30米的11级强风连续吹刮12小时，把海水吹退2米，露出长4千米、宽

5 千米的海底，维持 4 小时之久。被吹走的海水堆积在两旁，形成水墙。而风停后，海水又迅速席卷回来。

无独有偶，2011 年初，一位网友称在香港近海拍到了一段画面，画面中先是出现一个小漩涡，随后出现一条裂缝，说这是现代版的摩西分红海。

摩西分红海的故事使人们惊奇不已，而红海和其他一些海域的神奇故事，也同样令许多人兴味盎然。

如今，许多人都知道红海所以得名，那是一种红褐色的海藻在水中大量繁殖的结果，是漂浮在海面上的海藻把海水"染"红了的。而在远古时代，人们驾船在近岸航行时，又会见到海的两岸特别是非洲沿岸，是一片绵延不断的红黄色岩壁，这些红黄色岩壁把太阳光反射到海上，使海面红光闪烁，恰恰赋予了红海这个名字以"真情实感"。

有时候，红海上常吹刮来自非洲的沙漠风，送来一股股炎热的气流和红黄色的尘雾，天色变得朦胧，海面现出暗红，这就更增加了"红"的感觉。

七彩的海水

大海的基本颜色是蓝色，近岸的海水颜色是黄绿色，有些海区，也会显出更多的色彩，如红海、黄海、黑海、白海，所以说大海五彩缤纷。可是，有一个海域，人们发现那里的海水更加奇妙，竟然呈现出七种颜色。

这是真的吗？这七色的海洋在什么地方呢？

这七色的海洋就在帕劳。

帕劳是西北太平洋的一个小小的岛国，位于关岛西南1000多千米，面积不到500平方千米，平时很不起眼。可是，在2010年上海世博会上，它却引人注目。

帕劳由大大小小的340多个火山岛和珊瑚岛组成，分布在南北长640千米的海面上，只有8个岛屿上有常住居民。虽然这里名不见经传，却是一个旅游的好去处。摇曳的棕榈、温和的海风、银白的沙滩、迷人的七色海水，以及高照的艳阳，吸引许多旅游者前来领略。

在2010年上海世博会太平洋联合馆内，许多观众都争着拍摄帕劳七色海景图片，一时传为佳话。参观者见到这奇特的海水，无不啧啧称奇地说，从来没有见过如此漂亮的海景。

的确，帕劳的海景是奇特的，它不仅每年吸引许多游人前往观赏，潜水爱好者更是争相去那里潜水，要在海中亲自体验七色海水，感悟大自然的神奇。

帕劳的海水何以会有七种色彩？

因为帕劳的海水没有污染，清澈见底，而其海底又有许多色彩斑斓的美景。当你穿上潜水衣去海中徜徉的时候，你会瞧见海底的黑色礁石，各种斑斓的珊瑚，还有细细的沙粒，远古时代沉积的火山灰……这一切，都被清澈的海水毫无保留地映上海面，给岸上观海的人带来绝妙的图景，绘出七彩的奇观。

├─ 大海开花美不胜收

一个没有月光的夜晚，有一艘轮船在海洋上航行，船上的人发现前方闪烁着光亮，好似点点灯火。是什么港口到了吗？继续向前驶去，却找不到陆地的痕迹，只有一片令人目眩的光亮，在茫茫的海洋上闪烁。站到高处向四周瞭望的海员们惊奇地叫了起来：大海开花了！

光芒四射的海面，闪闪烁烁；水中的游鱼，环上一圈神话般的光晕，十分动人；风车似的光轮不停地转动，把大海映得时明时暗，绚烂异常。

是谁把黑暗的大海照亮？是谁向大海撒下美丽的光环？这是千百万海洋里的"小主人"——浮游生物带来的美景，人们称为"海里开花"或"海火"，科学上叫作"海发光"。

在许许多多浮游生物当中，有一些具有发光的本领，像夜光虫、多甲藻、裸沟鞭虫、红潮鞭虫等就能发出微弱的亮光。平时，光亮不易被人眼察觉，但当它们大量繁殖起来，并且受到外界的刺激时（比如船尾螺旋桨的搅动，大型动物的跳游，特别是波浪把海水冲上礁石），它们就要大放光明了，海面上顿时光点闪闪，火花四射。

有些长度在1厘米以上的海洋动物，如水母、大群体的火体虫等，在受到外界刺激后也能发光。又因为它们发光时间不等，此起彼落，形成明暗相间的光条纹，煞是好看！

有人在破冰船压碎冰块时看到了"火点"，先以为是海冰也在发光，其实这是冰水里的浮游生物发出的亮光，冰本身是不会发光的。

海火美丽异常，变幻莫测，不仅供人欣赏，与渔业生产、军事和航行都有直接关系。

渔民常借明亮的海火寻找鱼群，用这种方法捕捉沙丁鱼、鲐鱼和鲱鱼，取得了很大的成功。也借助鱼群游动激起的海火发现鱼群，如根据受惊的鲻鱼四处乱窜并跳出水面激起的海火来发现鲻鱼。更有趣的是，在漆黑的夜晚，鲸喷水产生的海火好像在向渔民报告："我在这里"。

然而，有时海火也会妨碍捕鱼。有一些鱼特别怕光，像鹤鱵鱼，晚上划一根火柴就能把它吓跑，在有海火的地区就休想捕到它们。

海上夜战，特别要注意海火现象。军舰航行激起的海火，固然容易暴露目标，也有利于搜索敌人的舰艇。注意鱼雷激起的海火，常能躲避鱼雷的袭击，转危为安。

海火为航海指明暗礁、浅滩、沙洲和冰山也是常有的，但海火也迷惑了不少航行者的眼睛，使他们看不清目标，造成航行事故。

┝ 窗雪与囊萤

海洋里一些躯体较大的生物，如水母、海绵、苔虫等，它们对微小生物演绎的光的舞蹈很是羡慕，更怀忌妒，要与之一比高下。它们借着身体里的特殊发光器官，到处寻求刺激，然后来一阵即兴表演。有些鱼，体内能分泌一种特殊物质，这种物质和氧作用也能发光。不过，它们更爱独舞，团队精神稍有欠缺，所以它们发出的光通常是孤立地出现，呈现一明一暗、明暗交错、反复循环的景象，如同闪光灯。这种灯光与我们平时所用的白炽电灯泡发出的亮光迥然不同，它只发光而不发热，叫作"冷光"。见过萤火虫吗？萤火虫一明一暗，一闪一烁的荧光就是冷光。

在晋朝时候，有个叫车胤的人，从小爱读书。可是他家里很穷，买不起灯油。夏天晚上，他看到萤火虫一亮一亮地飞过，就突发奇想，捉了许多装在一个袋子里，挂在墙上，做成一盏灯，借萤火虫的光彻夜苦读，终于成了栋梁之才。

车胤囊萤夜读的精神，激励了许多青年学子刻苦攻读，也得到许多诗人的赞誉。唐代大诗人李商隐就写下了：

> 兰膏爇处心犹浅，
> 银烛烧残焰不馨。
> 好向书生窗畔种，
> 免教辛苦更囊萤。

五代的一位名人贯休也有赞美囊萤夜读的诗作：

> 一听玄音下竹亭，

却思窗雪与囊萤。

国外也有利用荧光的故事。西印度群岛的人，夜晚在丛林中行走，往往会捉一只很大的萤火虫缚在脚趾上，借光照路。1898 年，美国军队在古巴打仗，一位医生给伤兵做手术，灯油烧干了，他就用一瓶萤火虫作光源，成功地完成了这次任务。

萤火虫有上千个品种，能发出不同强弱和不同颜色的光。有的发出短暂的浅黄色光，有的每间隔几秒钟发出一次橘红色光，还有的发翠绿色光、浅蓝色光。还有一些萤火虫喜欢合群，一块闪亮，一起熄灭，十分壮观。

萤火虫和许多发光的海洋生物发出的这种没有热只有光的冷光，比我们平时使用的白炽电灯强多了。白炽灯泡只能把电能的 6％ 转化为光，其余的都变成热浪费掉了。萤火虫和发光海洋生物的发光效率很高，几乎可以把能量 100％ 地转化为光。人们根据生物发光的原理和对萤火虫的研究发明了日光灯，比普通的白炽灯优越。可以相信，随着对海洋生物发光的进一步研究，人类一定能够发明更多更好的新光源。

深海灯光秀

在海洋深处，更有令人眼花缭乱的灯光秀。那里虽然伸手不见五指，却同样是光彩熠熠，五色斑斓，因为有一群光的艺术家，舞动着光的彩带，显示着幽深大海的勃勃生机，带来大海中光与影的另一幕奇幻景象。

常人难以想象，在伸手不见五指的环境里，鱼儿们凭借何种方法寻找食物？造物主总是能想出奇招，让它们得以求生。有一种灯笼鱼，嘴大身小，头上巧妙地伸出一根长长的"钓竿"，钓竿顶端还挂着一个会发光的小"灯泡"，像是打着一个灯笼，靠着亮光引诱食物。这个灯泡就是它的发光器官，也是它的摄食武器。为了寻找食物，它提着灯笼到处游逛，的确骗了不少糊涂虫自投罗网，白白牺牲了性命。

还有一种萤火鱿，它的发光很有特点，它能用整个身体出演一场精彩的"灯光秀"。它的身体覆盖着许多微小的发光器，可以协调一致地发出微弱的蓝光或绿光，或者交替发光构成无穷无尽的图案，就像海中的一块 LED 屏幕。这块 LED 屏幕有着多种功能，既可与同伴相互传递信息，又能引诱猎物，实在巧妙得很。

萤火鱿很是聪明，为了躲避敌害，它们白天隐藏在大海深处，游动在海洋上层的凶鱼猛兽奈何它不得；晚上，它们就浮升到海洋浅层寻找食物。每年 3～5 月，是它们的繁殖季节，此时，日本富山湾的海面常常有数不清的萤火鱿出现，发出迷人的明亮光辉，把整个海空照得如同白昼，成为一道亮丽的风景，以致成为世界遗产。

有一种鱼，它的腹部和腹侧有许多发光器，整齐地排列开来，犹如插在身上的一排排蜡烛，人们叫它烛光鱼。

它又像背着个生日蛋糕，在黑暗中招摇过市，很有意思。

深海鳕鱼和龙头鱼，身体的黏液含有发光物质，所以整个身体都会发光。当它们在黑暗的深海游动时，身体一摆一摆，犹如龙灯飞舞，好看极了。

松球鱼的下巴会发光，金眼鲷的眼睛会发光，它们在水中游来游去，像是黑暗中移动的光球。

光头鱼和灯笼鱼一样，发光器也是长在头上，好像煤矿工人头上戴的矿灯。天竺鲷的发光器在尾巴附近，如同小轿车的尾灯。

这些深海的奇特亮光，忽明忽暗，忽隐忽现；颜色五彩缤纷，有白的、红的、蓝的、黄的和绿的，有些兼具几种色彩；有的则发幽幽暗光，酷似鬼火。这形形色色的亮光，在寒冷、黑暗的海中交汇，犹如水晶宫的灯火盛会，给黑暗的深海增添了无穷情趣。

当然，就这些生物本身而言，发光或许并非它们有意作秀，而是为了生存所采取的策略。它们靠光捕食，靠光迷惑敌人。它们没有手机和电脑，只有靠光进行联络，甚至向对方表达爱意，倾诉衷情。这是它们为适应黑暗深海环境长期进化的结果，否则它们就无法在这里生存，必然会被无情地淘汰。

喧闹世界听海音

海洋里是个平静之所在吗？不！它是个喧闹的世界，

热闹非凡的地方。

听，远处歌声悠扬，是谁在歌唱？它不像是人的歌声，这是海洋"歌唱家"——赛音鱼发出的声响。

"叽叽""叽叽"，是什么鸟儿在欢叫？不是，这是成群的小鲐鱼游过的动响。

"咚咚""咚咚"，这又是谁在敲打小鼓？原来，驼背鳟在寻找伙伴。

不一会从远处传来"哗啦""哗啦"的响声，一定是浪涛在拍打海岸吧！不对，这是沙丁鱼在叫喊呢！

有时候，也会听到蜜蜂的嗡嗡声，这一定是小鲇鱼向你游来了。

河豚、刺鲀鱼的叫声更有意思，"呼噜""呼噜"好像熟睡的人在打鼾。

黑背鲲的声音又是另一个样，它像风吹树叶，沙沙作响。

海面浪涛的怒吼，海洋潮流的激荡，都能清晰地传到你的耳朵。海洋，不是静静的世界。

研究海中声音在渔业、国防方面很有意义。实践发现，不但不同的鱼会发出不同的声音，同一种鱼在其生活的不同阶段发出的声音也往往不同。大黄鱼在产卵前发"沙沙"或"吱吱"声，产卵时发"呜呜"或"哼哼"声，排卵后则发"咯咯"声。有经验的渔民能根据鱼类的声音进行捕捞。甚至还用播音器在水中放出鱼类喜爱的声音、讨厌的声音、游泳的声音或者捕食的声音，借以引诱或者吓退鱼群。有人试验在水中放送断续的钝声和船声，鱿鱼的捕获量增加了一倍。在围网作业起网同时，播出能够诱集鱼类的声音，可防止鱼儿逃走，提高集鱼率，而网的规模也可缩小，节约网具材料。

这些只是人耳听到的声音，海中还有许许多多人耳听不到的声音，比如海豚会发出超声。如果带了科学仪器到海里去发出或接受这些声音，在生产上将会起到更大的作用。

声音在海水中传播的速度每秒大约一千五百米，这比在空气中传播快四至五倍，说明它在海水中传播的距离也要比在空气中远得多。在无线电尚未发明之前，人们利用这个特点，在水中设置许多听音器，一旦海上的船只遇难，立即投放一枚深水炸弹，爆炸声就像一匹千里骏马，沿着一定的轨道往前奔驰，十分钟它就能传播九百千米，快速地把求救信号告知各水中听音站。

声音在海水中的传播路线，由于反射、折射等原因，变得弯弯曲曲。再加上海水温度和盐分变化影响，常使海洋里出现许多"声道"，使声音只沿着这些道路前进，传播距离大大增加，有时竟能传播几千甚至上万千米。

由于声音的折射，在海中还能产生声音不能到达的"声影区"，如果潜水艇处在声影区内，即使它近在眼前，探测的仪器也找不到它。所以，研究海水传声，在国防上是十分重要的。